KB112408

빅뱅의 메아리

빅뱅의 메아리

우주가 빛에 새긴 모든 흔적
우주배경복사

이
강
환

마음산책

빅뱅의 메아리

1판 1쇄 발행 2017년 10월 15일
1판 7쇄 발행 2024년 11월 20일

지은이 | 이강환
펴낸이 | 정은숙
펴낸곳 | 마음산책

등록 | 2000년 7월 28일(제2000-000237호)
주소 | (우 04043) 서울시 마포구 잔다리로3안길 20
전화 | 대표 362-1452 편집 362-1451 팩스 | 362-1455
홈페이지 | www.maumsan.com
블로그 | blog.naver.com/maumsanchaek
트위터 | twitter.com/maumsanchaek
페이스북 | facebook.com/maumsan
인스타그램 | instagram.com/maumsanchaek
전자우편 | maum@maumsan.com

ISBN 978-89-6090-337-1 03440

* 책값은 뒤표지에 있습니다.

우주가 우리에게 제공해주는 유일한 단서, 빛.

책머리에

과학 공부의 즐거움

우리가 사는 우주는 과거의 어느 시점에 갑자기 태어났고 지금까지 팽창을 계속하고 있다. 어떻게 보면 터무니없이 들릴 이 이야기가 지금은 우리 우주에 대한 가장 과학적인 이론으로 인정받는다. 138억 년 전 우주가 태어난 사건을 우리나라에서는 아이돌 그룹으로 더 유명한 '빅뱅'이라는 이름으로 부른다.

새로운 과학 이론이 그냥 인정받는 경우는 없다. 증거가 필요하다. 빅뱅 우주론은 우주의 특정한 시점에 빠져나온 빛이 우주 전체에 고루 퍼져 있을 것이라고 예측한 이론이다. 그리고 '우주배경복사'가 발견되면서 빅뱅 우주론은 다른 경쟁 이론들을 물리치고 검증 가능한 과학 이론으로서 자격을 얻었다.

우주배경복사의 역할은 여기서 끝나지 않았다. 우주배경복사는 초기 우주의 흔적을 그대로 간직하고 있기 때문에 천문학자들은 관측을 통해 우주의 과거 모습을 알게 되고, 그에 기초하여 현재의 우주를 이해할 수 있게 되었다.

우리는 우주배경복사를 통해 우리 우주가 편평하고, 암흑물질이 반드시 존재해야 하며, 인플레이션이 일어난 것이 분명해 보인다는 사실을 알게 되었다. 20년 전만 하더라도 100억 년에서 200억 년 사이였던 우주의 나이를 이제 137억 년이냐 138억 년이냐를 따질 정도로 정확하게 알게 된 것도 우주배경복사 덕분이다.

당연한 일이겠지만 이 과정이 쉽지만은 않았다. 천문학은 우주가 제공해주는 유일한 단서인 빛을 관측하여 그 결과를 해석한다. 우주배경복사를 조금이라도 더 정밀하게 관측하고, 자료에서 최대한의 결과를 얻어낸 것은 수많은 과학자들이 엄청난 시간을 투자하여 이루어낸 성과다.

우주배경복사가 관측된 뒤 가장 큰 관심사는 우주배경복사에 남아 있는 미세한 온도 차이를 찾는 것이었다. 이 미세한 온도 차가 있어야만 우주에 별과 은하가 존재함을 설명할 수 있기 때문이다. 이를 관측하기 위해 COBE 위성이 발사되었고, 그 결과에 노벨 물리학상이 주어졌다.

과학자들의 연구 결과 우주배경복사의 미세한 온도 차이는 우주에 대한 거의 모든 종류의 물리량을 알아낼 수 있는 금광 같은 것이라는 사실이 밝혀졌다. 그러기 위해서는 COBE보다 높은 해상도로 우주배경복사를 관측해야 했다. 그래서 다시 WMAP 위성과 플랑크 위성을 발사했고 우주의 물리량을 훨씬 더 정확하게 알 수 있게 되었다.

이 책에서 보여주고 싶은 바는 우리가 결과로 알고 있는 우주에 대한 지식들이 어떤 과정을 통해서 얻어졌나 하는 것이다. 과학에서 중요한 것은 결과보다는 과정이다. 과학의 신뢰는 결과가 어느 정도 믿을 만한가가 아니라 과정의 엄밀함에서 얻어진다. 이를 위해서 과학자들이 얼마나 많은 노력을 하는지 보여주고 싶었다.

전에 근무했던 국립과천과학관의 건물 정면에는 우주배경복사를 모자이크로 구성한 작품이 붙어 있다. 작품이 설치될 무렵 우주배경복사에 대한 강연을 몇 차례 했는데 이를 준비하며 우리나라에 우주배경복사에 대해 자세히 해설한 책이 없다는 사실을 알게 되었다. 국립과천과학관의 상징처럼 된 사진이 천문학과 관련된 주제이므로 그에 대한 글을 쓰는 것은 그곳에서 천문학 분야를 담당한 직원으로서 당연한 의무라는 생각에 『빅뱅의 메아리』를 준비하게 되었다.

책을 작업하던 도중에 국립과천과학관을 떠나 서대문자연사박물관으로 근무지를 옮기게 되었지만 우주론에서 가장 중요한 역할을 하는 우주배경복사에 대해 쓰는 것을 중단할 이유는 없었다. 우주 가속 팽창의 발견 과정을 다룬 전작 『우주의 끝을 찾아서』가 좋은 반응을 얻으면서 우리나라의 과학책 독자층이 꽤 두터워지고 있다는 사실을 알게 된 것도 작업을 계속하게 만든 동력이었다.

지난번 책과 마찬가지로 『빅뱅의 메아리』도 과학자들이 쓴 논문에 실린 자료와 내용을 많이 인용했다. 일반 독자가 과학자들이 쓴 논문을 직접 접하기는 쉽지 않기 때문에 간접적으로나마 과학자들이 연구하는 과정을 경험할 수 있기를 바라서다.

우주배경복사에 대한 관측과 연구가 진행되는 과정은 과학 이론이 발전해가는 모습을 잘 보여주기도 한다. 빅뱅 우주론이라는 가설이 등장하면서 우주배경복사가 존재할 것이라는 예측을 하고 관측으로 이 가설을 검증하여 빅뱅 우주론은 과학 이론이 되었다.

더 많은 연구가 진행되면서 우주배경복사에 미세한 온도 차이가 있어야 한다는 예측이 나왔고 그 역시 관측을 통해 검증되었다. 그리고 다시 그 온도 차이가 특정한 패턴을 가져야 한다는 예측이 나왔고 또한 관측을 통해 검증하면서 동시에 우주의 물리량도 알게 되었다.

수많은 과학자들의 노력이 축적되면서 100년도 안 되어 우리는 우주에 대해 많은 사실을 알게 되었다. 하지만 모든 과학 분야가 그렇듯 우주에 대한 새로운 사실을 알게 될수록 더 많은 의문점이 생겨난다. 아마도 과학이 우주의 비밀을 모조리 밝혀내는 일은 영원히 일어나지 않을 것이다. 그렇기 때문에 과학은 겸손할 수 있다. 우주가 제시해주는 작은 단서들을 지금 사용할 수 있는 가장 합리적인 방법으로 분석하여 주어진 상황에서 최선의 답을 찾아내는 것이 과학이다. 그래서 과학적인 방법은 과학뿐만 아니라 모든 분야에서 가장 합리적이라고 여겨지며, 많은 사람들이 이러한 길을 배우고 싶어 한다. 과학적인 방법을 배우는 가장 좋은 길은 과학을 공부하는 것이다. 이 책을 통해 조금이나마 과학 공부의 즐거움을 느낄 수 있기를 바란다.

나는 천문학을 전공하긴 했지만 우주론이 전문 분야는 아니다. 더구나 우주론은 대학 시절에 배웠던 내용이 소용없을 정도로 크게 발전했기 때문에 거의 모두 새롭게 공부해야만 했다. 다른 천문학자들의 귀중한 연구 시간을 방해하지 않기 위해서 원고를 검토해달라는 부탁은 하지 않았기에 내용에 오류나 잘못된 설명이 있다면 전적으로 나의 공부 부족 탓이다.

동화 속에나 있을 법한 아들 삼형제를 키우면서도 남편에 대한 배려를 아끼지 않는 사랑하는 아내 지현이와 함께하는 시간을 별로 가지지 못함에도 이빠와 노는 시간이 가장 재미있다고 말해주는 기특한 아이들 규민, 규빈, 규정이에게 이 책을 바친다.

2017년 10월

이강환

차례

우주의 미세한 온도 차이를 찾아라 COBE

빛이 그린 우주의 지도 WMAP

우주배경복사 끝장내기 PLANCK

연구는 아직 끝나지 않았다

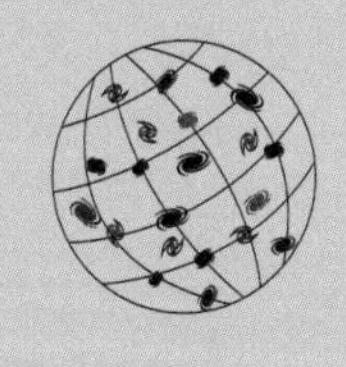

과학이 된 우주론

우주가 팽창한다는 것은 우주가 점점 커지고 있다는 말이니까 과거에는 우주의 크기가 더 작았다는 의미다. 과거로 갈수록 우주가 점점 더 작아진다면 언젠가는 크기가 0이 되는 순간도 있지 않을까?

팽창하는 우주

우주가 팽창하고 있다는 사실을 인류가 알게 된 것은 아직 100년도 되지 않은 일이다. 하지만 이 한 가지 사실은 인류가 수천 년 동안 우주를 보아온 관점을 완전히 바꾸어놓았다.

우주가 팽창하고 있다고 하면 흔히 드는 의문은 팽창의 중심은 어디이며 팽창하는 우주의 바깥에는 무엇이 있느냐는 것이다. 결론부터 이야기하면 우주의 팽창에는 중심도 없고 우주의 바깥이라는 것도 없다.

3차원 공간이 팽창하는 모습을 전체적으로 머릿속에 그리기는 쉽지 않기 때문에 보통 2차원 평면에서 설명하는 경우가 많다. 그림 1과 같은 풍선을 생각해보자. 명심해야 할 것은 이 풍선의 표면만을 생각해야 한다는 것이다. 풍선의 표면에 사는 생명체에게는 표면이 우주 전체이며 풍선 바깥이라는 개념은 존재하지 않는다. 이 생명체에게 3차원은 이론일 뿐 실제로 존재한다는 것이 증명되지 않았다.

표면에 점을 여러 개 찍은 뒤 풍선을 불면 풍선이 커지면서 점과

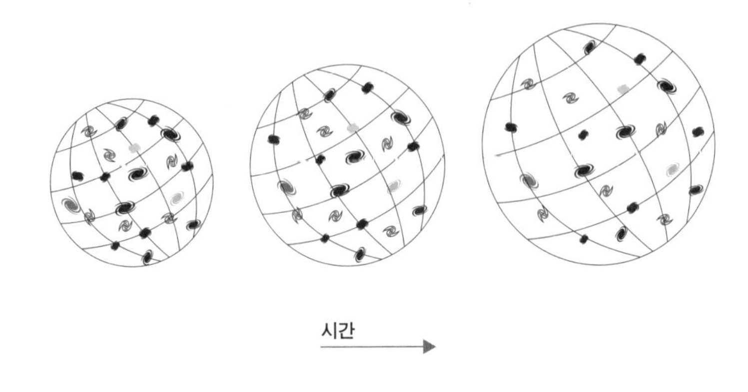

풍선 표면의 팽창을 이용해 우주의 팽창을 이해할 수 있다.
풍선 표면만 생각한다면 팽창의 중심은 없고, 팽창의 바깥이라는 것도 없다.(그림 1)

점 사이가 멀어진다. 풍선 표면에 찍힌 점에 사는 생명체에게는 우주가 팽창하는 것이다. 이 생명체에게 3차원이란 존재하지 않으므로 풍선이 어디로 커지는지는 알 수가 없다. 그냥 자신이 존재하는 공간(여기서는 평면)이 커지고 있다는 것을 알 수 있을 뿐이다.

마찬가지로 우리는 3차원 공간에 살며 4차원이란 이론으로만 있을 뿐 실제로 존재한다는 것이 증명되지 않았다. 우리는 우리가 사는 3차원 공간이 커지고 있다는 것은 알 수 있지만 어디로 커지는지는 알 수 없다.

2차원의 풍선 표면이 3차원 공간으로 커지는 것처럼 3차원인 우리 우주도 4차원 공간으로 커지는 것일까? 그것은 알 수 없다. 하지만 쉽게 이해하기 위해서는 그렇게 생각하는 것도 괜찮은 방법이다.

단, 우리가 사는 3차원 공간으로만 한정하면 팽창하는 우주의 바깥이라는 것은 없다.

다시 풍선 우주로 돌아가서, 팽창하는 풍선 표면에 찍은 어떤 한 점을 기준으로 잡으면 다른 모든 점은 그 점에서 멀어진다. 다른 점을 기준으로 해도 마찬가지다. 모든 점이 중심이 될 수 있으므로 어떤 점도 중심이라고 할 수 없다. 결국 팽창의 중심도 없는 것이다.

풍선 표면의 팽창을 우주 공간의 팽창으로 옮겨서 그리기는 쉽지 않다. 그러므로 개념만 받아들이도록 하자. 3차원 공간인 우주의 팽창은 은하와 은하 사이의 공간이 커지는 것이고, 팽창의 바깥은 없다. 모든 곳이 중심이 될 수 있으므로 팽창의 중심 역시 없다.

2차원 표면의 생명체가 풍선 표면 전체를 한눈에 볼 수 없듯이 3차원 공간에 사는 우리는 우주 공간 전체가 팽창하는 모습을 볼 수 없다. 그런데 우주가 팽창한다는 사실을 어떻게 알 수 있을까? 다시 한 번 2차원 표면에 사는 생명체의 관점으로 돌아가보자. 풍선 표면의 한 점에 있는 생명체가 주위의 다른 점을 관찰한다면 모든 점이 자신에게서 멀어지는 모습을 볼 수 있을 것이다.

그런데 여기서 중요한 것은 점들이 멀어지는 속도가 모두 다르다는 사실이다. 가까이 있는 점은 천천히 멀어지고 멀리 있는 점은 빠르게 멀어진다. 더 멀리 있는 점일수록 더 빠르게 멀어진다. 그러므로 우리 우주가 팽창하고 있다면 더 멀리 있는 은하일수록 더 빠른 속도로 멀어질 것이다. 1929년 에드윈 허블이 알아낸 사실이 바로 이것이었다.

움직이는 물체에서 나오는 빛은 물체가 관측자 방향으로 다가가면 빛의 파장이 짧은 쪽으로 이동하는 청색이동이 일어나고 물체가 관측자에게서 멀어지면 빛의 파장이 긴 쪽으로 이동하는 적색이동이 일어난다. 이것은 1842년 오스트리아의 물리학자 크리스티안 도플러가 처음으로 발견하고 설명했기에 도플러이동이라고 한다.

천문학자들은 도플러이동을 잘 알고 있었기 때문에 오래전부터 별의 움직임을 연구하는 데 이용해왔다. 은하들의 도플러이동을 처음으로 구한 사람은 미국의 로웰 천문대Lowell Observatory에 근무하던 젊은 천문학자 비스토 슬리퍼였다. 그는 1912년부터 1923년까지 나선성운 43개의 도플러이동을 구했다. 당시는 이 나선성운들이 우리은하 안에 있는 천체인지 우리은하 밖에 있는 또 다른 은하인지 밝혀지지 않았을 때였다. 슬리퍼는 대부분의 성운들이 적색이동을 보이고 평균 후퇴속도는 어마어마하게 빠른 초속 700킬로미터라는 사실을 알아냈다. 이 속도는 우리은하 안에 있는 어떤 별보다 훨씬 빨랐기 때문에 그는 이 성운들이 우리은하 밖에 있는 외부은하일 것이라고 추측했다.

이는 당시 천문학계에 비교적 잘 알려져 있었고 비스토 슬리퍼의 결과에 특별한 문제도 없었다. 1915년에 11개의 성운들이 적색이동을 보인다는 결과를 처음으로 미국 천문학회에서 발표했을 때는 기립 박수를 받기도 했다. 하지만 당시의 천문학자들은 초속 700킬로미터라는 엄청난 빠르기가 그 성운이 움직이는 실제 속도라고 받아들이기는 힘들었을 것이다. 그래서 이 성운들이 우리은하 밖에 있다고 확신할 수도 없었다. 나선성운들이 우리은하 안에 있는지 밖에 있는지 확인하는 가장 좋은 방법은 거리를 측정하는 것이다. 성운까지의 거리가 우리은하의 크기보다 크다면 당연히 우리은하 밖에 있어야 하기 때문이다.

이 나선성운들의 거리를 측정해 우리은하 밖에 있는 외부은하라는 사실을 밝혀낸 사람이 에드윈 허블이었다. 허블은 세페이드 변광성을 이용해 우리은하에서 가장 가까운 외부은하인 안드로메다은하까지의 거리를 구했다. 세페이드 변광성은 별의 진화 단계 중 거성이나 초거성 단계에 있는 별로, 내부 구조가 불안정하여 수축과 팽창을 되풀이해 표면 온도와 반지름이 변하면서 밝기가 달라지는 별이다. 팽창과 수축 과정에서 표면 온도가 가장 높을 때 가장 밝아지고 표면 온도가 가장 낮을 때 가장 어두워진다.

1908년 청각장애인이었던 여성 천문학자 헨리에타 레빗은 밝은 세페이드 변광성이 밝기가 변하는 주기가 더 길다는 주기-광도 관계를 처음으로 알아냈다. 밝은 세페이드 변광성은 크기가 커서 수축과 팽창을 하는 데 더 긴 시간이 걸리기 때문이다. 이 관계를 이용하면 세페이드 변광성까지의 거리를 구할 수 있다. 세페이드 변광성의 변광 주기는 짧은 것은 하루, 긴 것은 100일 정도여서 관측만 꾸준히 하면 어렵지 않게 구할 수 있다.

세페이드 변광성은 주기만 구하면 주기-광도 관계를 이용해 그 변광성의 원래 밝기를 구할 수 있다. 주기가 긴 밝은 세페이드 변광성이 어둡게 보인다면 멀리 있는 것이고, 반대로 주기가 짧은 어두운 세페이드 변광성이 밝게 보인다면 가까이 있는 것이다. 이렇게 거리를 구하는 데 사용되는 별을 '표준광원'이라고 한다. 헨리에타 레빗은 천문학 역사에서 세페이드 변광성을 최초의 표준광원으로 사용할 수 있도록 한 것이다.

헨리에타 레빗은 1890년대 초반, 당시로는 거의 유일한 여성 교육 기관이었던 레드클리프칼리지를 다니면서 천문학에 관심을 가졌지만 병 때문에 공부를 계속하지 못했다. 앓던 병으로 레빗은 심각한 청각 장애를 갖게 되었다. 이후 하버드대학에서 자료를 분석하는 연구원으로 에드워드 피커링과 함께 변광성 연구를 하다가 세페이드 변광성의 주기와 광도의 관계를 발견했다.

헨리에타 레빗이 발견한 세페이드 변광성의 주기-광도 관계 법칙은 우주 공간에서 천체의 거리를 측정하는 가장 중요한 도구다. 중요한 법칙에는 발견한 사람의 이름이 붙는 경우가 많지만 이 법칙은 지금도 '세페이드 변광성의 주기-광도 관계'라고만 불린다. 아마도 레빗이 정식 천문학 교육을 받은 사람이 아니었고 여성이라는 이유도 작용했을 것이다. 하지만 최근에는 이 발견의 중요성과 레빗의 업적이 재조명되고, 영향력 있는 천문학자들이 '레빗의 법칙'이라는 표현을 사용하고 있기 때문에 조만간 세페이드 변광성의 주기-광도 관계의 법칙은 레빗의 법칙이라고 불리게 되지 않을까 기대해본다.

1924년 허블은 안드로메다은하에서 세페이드 변광성을 발견해 이 은하가 우리은하의 크기보다 훨씬 멀리 있다는 사실을 알아냈다. 이 발견으로 그때까지 인류가 생각하고 있던 우주의 모습은 완전히 달라졌다. 우리은하는 더 이상 우주의 전부가 아니라 수많은 은하 중 하나일 뿐이었다.

안드로메다은하까지의 거리를 측정하는 데 성공한 허블은 동료인 밀턴 휴메이슨과 함께 다른 은하들의 거리를 측정하기 위해 세페이드 변광성을 찾기 시작했다. 이들이 관측한 은하의 도플러이동은 대부분 슬리퍼가 이미 구해놓았기 때문에 거리만 측정하면 되는 상황이었다.

휴메이슨은 14세 이후 정규교육을 받지 않은 특이한 경력의 천문학자였다. 윌슨 산에 새로운 천문대를 건설할 때 물건을 운반하는 일을 하던 그는 천문대가 완성된 이후 관리인으로 계속 머물렀다. 그는 망원경을 사용하는 천문학자들의 어깨너머로 관측 기술을 배워 조수로 일하기 시작했다. 그리고 휴메이슨의 남다른 관측 실력을 알아본 당시 윌슨 산 천문대의 대장 조지 해일이 그를 정식 직원으로 채용했다. 휴메이슨과 함께 일한 허블은 그의 뛰어난 실력에 큰 도움을 받았다.

1929년 허블은 은하 24개의 거리를 측정한 결과를 「은하 외부 성운들의 거리와 시선속도 사이의 관계」라는 논문으로 발표했다.(R01) 멀리 있는 은하일수록 더 빠른 속도로 멀어진다는 것을 처음으로 보여준 논문이었다. 그리고 2년 뒤 허블과 휴메이슨은 훨씬 더 먼 은하까지 확장해 멀리 있는 은하가 더 빠른 속도로 멀어진다는 사실을 다시 한 번 확인했다.

허블과 휴메이슨은 자신들의 결과를 과장하지 않고 조심스럽게 받아들였다. 그들은 논문에 관측 결과만 발표했을 뿐 그에 대한 설명은 하지 않았다. 오히려 "적색이동을 실제 속도로 설명하는 것은 그만큼 확신할 수 없다"고 하면서 여기서의 '속도'는 선입견을 없애기 위해서 '겉보기 속도'로 사용되어야 한다고 썼다.(R02)

하지만 그들의 결과는 다른 과학자들이 은하들의 거리와 속도 사이에 선형적인 관계가 있다는 사실을 믿게 만들기에 충분했다. '은하들의 거리와 속도 사이에 선형적인 관계가 있다'는 말은 멀리 있는 은하는 우리에게서 더 빠른 속도로 멀어지고 있다는 뜻이다. 어떤 은하보다 2배 더 멀리 있는 은하는 2배의 속도로, 10배 더 멀리 있는 은하는 10배의 속도로 멀어진다는 말이다. 이것은 이후 무수히 많은 관측에 의해 누구도 반박할 수 없는 '법칙'이 되었고, 당연하게도 '허블의 법칙'이라고 불린다.

멀리 있는 은하가 더 빠르게 멀어지는 것은 우주가 공간적으로 팽창할 때 관측될 수 있는 현상이다. 은하가 공간 사이를 이동하여 멀어지는 것이 아니라 은하와 은하 사이의 공간이 팽창하여 멀어지는 것이다. 우리은하가 우주의 전부가 아니라는 사실을 알게 된 지 10년도 되지 않은 상황에서 우주가 팽창하고 있음이 밝혀진 것이다. 이 발견의 더 큰 의미는 단순히 우주가 팽창한다는 사실을 밝혀낸 것이 아니라 우리가 관측을 통해 우주의 모습을 알아낼 수 있게 되었다는 데 있다. 그리고 우주가 팽창한다는 것은 우주를 설명하는 이론의 기본 전제가 되었다. 우주에 대해서 이야기하려면 우주가 팽창한다는 사실에서 출발해야만 한다. 팽창하는 우주를 설명하지 못한다면 우주를 과학적으로 설명하는 이론이 아닌 것이다.

한 가지 덧붙이자면 우주가 팽창하고 있다고 해서 우리가 사는 우리은하나 태양계가 팽창하는 것은 아니다. 우주의 팽창은 우주 전체를 보았을 때 1억 광년 이상의 규모로 일어나는 현상이고, 이보다 작은 영역에서는 그 부근의 중력이 더 큰 역할을 한다. 우주는 팽창하지만 우리은하와 약 250만 광년 떨어져 있는 안드로메다은하는 우리은하에서 멀어지는 것이 아니라 점점 더 가까워지고 있다. 두 은하 사이의 중력이 우주의 팽창 효과보다 크기 때문이다. 두 은하는 약 50억 년 뒤에는 충돌하기 시작해 하나의 거대한 은하가 될 것이다.

1915년에 발표된 아인슈타인의 일반상대성이론은 중력을 힘이 아니라 질량과 에너지에 의해 시공간이 휘어지는 것으로 설명한다. 블랙홀이라는 용어를 처음으로 사용한 물리학자 존 휠러는 "물질은 공간에게 어떻게 휘어지라고 말해주고, 공간은 물질에게 어떻게 움직이라고 말해준다"라는 말로 일반상대성이론을 요약했다.

1917년 아인슈타인은 일반상대성이론을 우주 전체에 적용한 논문을 한 편 발표했다. 아인슈타인은 계산을 간단하게 하기 위해서 전체적인 규모로 볼 때는 우주 공간의 물질 분포가 균일하다고 가정했다. 자신의 방정식을 우주 전체에 적용해 우주의 모형을 구한 아인슈타인은 물질 분포가 균일한 우주는 중력 때문에 모든 물질이 한 곳으로 모이게 된다는 사실을 깨달았다. 이는 아인슈타인에게 너무나 비현실적인 결과였다. 아인슈타인은 우주가 언제나 정적인 상태를 유지하며 변화가 없다고 굳게 믿고 있었다. 그런데 이론상 우주는 중력 때문에 수축할 수밖에 없다. 우주의 수축을 막으려면 중력과 반대되는 밀어내는 힘이 있어야만 했다. 그래서 아인슈타인은 자신의 방정식에 밀어내는 힘의 역할을 하는 '우주상수'cosmological constant라는 새로운 항을 추가했다.

일반상대성이론은 아인슈타인이 만들었지만 그의 전유물은 아니었다. 러시아의 젊은 물리학자 알렉산드르 프리드먼은 아인슈타인처럼 우주의 밀도가 균일하다는 가정에 우주는 어떤 방향에서든 똑같이 보인다는 가성을 추가해 일반상대성이론 방정식을 단순화했다. 프리드먼 방정식이라는 이 식은 지금도 우주론을 연구할 때 자주 사용된다. 프리드먼이 사용한 두 가지 가정은 우주를 연구할 때 기본적으로 사용되며 '우주론의 원리'cosmological principle라고 부르는데 현재까지의 관측으로는 옳은 가정으로 인정받고 있다.

프리드먼은 자신의 방정식으로 아인슈타인의 정적인 우주는 너무나 불안정하여 약간의 움직임만 있어도 팽창하거나 수축할 수밖에 없다는 사실을 알아냈다. 그가 1922년에 이 결과를 발표하자 아인슈타인은 프리드먼이 수학적 오류를 범했다고 주장했다. 하지만 몇 달 지나지 않아 아인슈타인은 프리드먼의 결과가 정확하다는 것을 알아차렸다. 그래도 그는 수학적으로만 맞을 뿐 현실의 우주에는 맞지 않다고 믿었다. 프리드먼은 1925년에 37세의 젊은 나이로 생을 마감하는 바람에 자신의 이론을 더 발전시키지 못했다.

벨기에의 사제이자 천문학자인 조르주 르메트르도 프리드먼과 독립적으로 일반상대성이론을 우주에 적용했다. 르메트르 역시 이론적으로 우주는 수축하거나 팽창할 수밖에 없다고 생각했는데, 천문학자였던 그는 대부분의 성운들이 적색이동을 보인다는 비스토슬리퍼의 관측 결과를 알고 있었기 때문에 우주가 팽창한다고 생각했다. 1927년 벨기에의 학술지에 팽창하는 우주에 대한 아이디어가 포함된 논문을 제출한 르메트르는 그해 브뤼셀에서 열린 제5회 솔

베이 학술회의에 참가한 아인슈타인을 만날 기회가 있었다. 그때까지도 팽창하는 우주를 받아들일 준비가 되어 있지 않았던 아인슈타인은 르메트르에게 "당신의 계산은 정확하지만 물리학에 대한 이해는 끔찍합니다"라고 말했다.

그리고 불과 2년 뒤, 우주가 팽창한다는 증거를 보여주는 허블의 관측 결과가 발표되었다. 아무리 아인슈타인이라도 명백한 관측 증거 앞에서는 어쩔 수 없었다. 1931년에 윌슨 산 천문대를 방문해 허블을 만난 아인슈타인은 우주가 팽창하고 있다는 사실과 자신의 우주상수가 실수였다는 것을 인정했다.(R03)

그런데 20세기가 끝나가던 1998년, 우주 팽창에 대한 새로운 사실이 발견되면서 아인슈타인의 실수가 다시 주목받게 되었다. 우주의 팽창 속도가 과거에 비해 얼마나 달라졌는지 알아보기 위해 멀리 있는 초신성을 관측하던 천문학자들은 우주의 팽창 속도가 점점 빨라진다는 놀라운 사실을 발견했다. 팽창 속도가 점점 빨라지기 위해서는 끌어당기는 중력과 반대되는 밀어내는 힘이 있어야 한다. 과학자들은 우주의 빈 공간에서 나오는 이 미스터리의 힘에 '암흑에너지'라는 이름을 붙였다. 그리고 암흑에너지는 우주 팽창을 설명하는 방정식에서 아인슈타인이 도입했던 우주상수의 형태로 나타난다. 아인슈타인이 실수라고 인정했던 우주상수가 70년이 지난 뒤 다시 등장하게 된 것이다.

아인슈타인의 의도와는 다른 방향이긴 하지만 어쨌든 우주상수는 우주론 방정식에 다시 사용되고 있다. 우주를 가속 팽창시키는 암흑에너지의 정체는 알 수 없지만, 우주가 가속 팽창한다는 사실 자체는 몹시 중요한 발견이라 이것을 발견한 3명의 과학자는 2011년 노벨 물리학상을 수상했다. 아인슈타인의 유산은 너무나 강력하다.

빅뱅 우주론의 등장

우주가 팽창하고 있다는 사실을 받아들인 사람은 쉽게 우주의 과거를 생각해볼 수 있을 것이다. 우주가 팽창한다는 것은 우주가 점점 커지고 있다는 말이니까 과거에는 우주의 크기가 더 작았다는 의미다. 과거로 갈수록 우주가 점점 더 작아진다면 언젠가는 크기가 0이 되는 순간도 있지 않을까?

우주의 팽창을 사실상 처음으로 주장했던 조르주 르메트르가 생각한 바가 바로 이것이었다. 1927년에 제출한 논문에서 르메트르는 팽창하는 우주를 거꾸로 되돌리면 우주가 무한히 작은 한 점에서 탄생했을 것이라고 생각하고 이를 '원시 원자'primeval atom라고 불렀다. 르메트르는 우주의 팽창뿐만 아니라 빅뱅 우주론도 최초로 주장했던 것이다.

하지만 르메트르의 논문은 벨기에어로 출판되는 저널에 실렸고, 아인슈타인을 포함한 당시 학자들에게 인정받지 못했다. 르메트르를 지도했던 영국의 유명한 천문학자 아서 에딩턴 경이 르메트르의 논문을 영어로 번역해서 소개했지만 크게 주목받지는 못했다. 아마도 당시 대부분의 과학자들은 우주가 팽창한다는 사실을 받아들이는 것만으로도 벅차지 않았을까 생각된다. 르메트르의 우주론은 10년이 넘도록 과학자들의 관심 밖에 있었다.

팽창하는 우주의 시계를 거꾸로 돌려보는 것을 다시 진지하게 고민한 사람은 러시아를 탈출해 미국으로 망명한 물리학자 조지 가모프였다. 가모프는 러시아에 있던 1920년대 초반, 프리드먼의 강의를 듣고 처음으로 팽창하는 우주에 관심을 가지게 되었다. 하지만 프리드먼이 죽은 뒤 가모프도 핵물리학으로 눈을 돌렸고, 원소의 방사능 붕괴가 일어나는 이유를 '불확정성의 원리에 의한 터널 효과'로 설명하여 주목받기도 했다. 미국으로 망명한 뒤 1940년대에 가모프는 우주를 이루는 원소들이 어떻게 만들어졌을까에 관심을 가지면서 다시 우주론과 만났다.

아인슈타인이 상대성이론을 만들어내고 허블이 우주의 팽창을 발견하던 시기에 또 다른 과학자들은 세상을 구성하는 미시 세계에 대한 연구를 진행하고 있었다. 1910년 영국의 과학자 어니스트 러더퍼드가 원자핵을 발견한 이후 물질을 이루고 있는 원자의 구조에 대해 많은 사실이 밝혀졌다.

우리 주변의 물질을 구성하는 모든 원자는 양전하를 띤 양성자와 전하를 띠지 않은 중성자 그리고 음전하를 띤 전자로 이루어져 있다. 양성자와 중성자는 원자핵을 구성하고 전자가 원자핵 주위를 둘러싸고 있다. 일반적인 원자는 같은 수의 양성자와 전자로 이루어져 있기 때문에 전기적으로 중성이다. 그리고 원자핵 속 양성자의 수가 달라지면 다른 원소가 된다. 양성자 수는 같고 중성자 수만 다른 원소를 동위원소라고 한다.

우주에 가장 많이 존재하는 원자는 수소 원자이며 우주 전체 원자 질량의 약 75퍼센트를 차지한다. 수소 원자의 원자핵은 양성자 하나로만 이루어져 가장 단순하기 때문에 당연한 사실이다. 그다음으로 많은 원자는 원자핵이 양성자 2개와 중성자 2개로 이루어진 헬륨이며 우주 전체 원자 질량의 약 24퍼센트다. 이보다 무거운 원자들을 모두 합치면 나머지 1퍼센트를 구성한다.

1920년대에 하버드대학에서 공부하던 영국 출신의 여성 천문학자 세실리아 페인은 태양의 대부분이 가장 가벼운 원소인 수소로 이루어져 있다는 사실을 처음 발견했고, 1930년대에 독일 출신의 물리학자 한스 베테는 수소가 헬륨으로 융합되는 핵융합이 태양에너지의 원천이라는 사실을 밝혔다.

가모프는 핵융합으로 헬륨이 만들어진다면 다른 원소들도 비슷한 과정을 거쳐서 생성될 것이라고 생각했다. 핵융합이 일어나기 위해서는 매우 뜨거운 곳이 있어야 하는데, 가모프는 막 태어난 초기 우주를 그 '매우 뜨거운 곳'으로 생각했다. 우주가 과거에 지금보다 훨씬 더 작았다면 그 작은 곳에 우주의 모든 에너지가 모여 있어야 하기 때문에 당연히 아주 뜨거웠을 것이다. 그리고 그 뜨거운 열 속에서 우주를 이루는 원소들이 만들어졌다고 생각했다.

가모프는 제자인 랄프 알퍼와 함께 이 주제를 연구하여 1948년에 「화학원소들의 기원The Origin of Chemical Elements」이라는 논문을 발표했다.(R04) 그런데 이 논문의 출판일이 공교롭게도 만우절인 4월 1일

PHYSICAL REVIEW VOLUME 73, NUMBER 7 APRIL 1, 1948

Letters to the Editor

PUBLICATION of brief reports of important discoveries in physics may be secured by addressing them to this department. The closing date for this department is five weeks prior to the date of issue. No proof will be sent to the authors. The Board of Editors does not hold itself responsible for the opinions expressed by the correspondents. Communications should not exceed 600 words in length.

The Origin of Chemical Elements

R. A. ALPHER*
Applied Physics Laboratory, The Johns Hopkins University, Silver Spring, Maryland
AND
H. BETHE
Cornell University, Ithaca, New York
AND
G. GAMOW
The George Washington University, Washington, D. C.
February 18, 1948

We may remark at first that the building-up process was apparently completed when the temperature of the neutron gas was still rather high, since otherwise the observed abundances would have been strongly affected by the resonances in the region of the slow neutrons. According to Hughes,[2] the neutron capture cross sections of various elements (for neutron energies of about 1 Mev) increase exponentially with atomic number halfway up the periodic system, remaining approximately constant for heavier elements.

Using these cross sections, one finds by integrating Eqs. (1) as shown in Fig. 1 that the relative abundances of various nuclear species decrease rapidly for the lighter elements and remain approximately constant for the elements heavier than silver. In order to fit the calculated curve with the observed abundances[3] it is necessary to assume the integral of $\rho_n dt$ during the building-up period is equal to 5×10^4 g sec./cm^2.

On the other hand, according to the relativistic theory of the expanding universe[4] the density dependence on time is given by $\rho \cong 10^6/t^2$. Since the integral of this expression diverges at $t=0$, it is necessary to assume that the building-up process began at a certain time t_0, satisfying the relation:

'알파-베타-감마 논문'의 일부.
알퍼, 베테, 가모프가 저자로 되어 있고 출판일은 1948년 4월 1일 만우절이다.(그림 2)

이라는 사실이 가모프의 유머 본능을 자극했다. 가모프는 이 연구에 직접 참여하지 않은 한스 베테를 논문의 공동 저자에 포함시켰다. 논문의 저자를 그리스 알파벳의 처음 세 글자인 알파-베타-감마와 유사한 알퍼-베테-가모프로 하기 위해서였다.

우주 초기의 높은 온도에서 무거운 원소들이 만들어진다는 가모프의 아이디어는 태양 중심에서 수소 핵융합에 의해 헬륨이 만들어진다는 베테의 이론에서 왔기 때문에 가모프로서는 베테를 공동 저자에 포함시키는 것은 나름대로 이유가 있었을 듯하다. 하지만 이 연구가 박사학위 논문이었던 알퍼로서는 반가웠을 리 없었다. 연구가 자신의 성과가 아니라 훨씬 더 유명했던 베테의 것으로 여겨질지 모른다고 생각했기 때문이었다. 어쨌든 빅뱅 이론을 처음으로 제안한 이 역사적인 논문은 나중에 '알파-베타-감마 논문'이라고 알려졌다.

알파-베타-감마 논문은 사실 한 장 조금 넘는 짧은 길이고, 단 2개의 수식과 하나의 그래프밖에 포함되어 있지 않다. 그리고 '우주의 탄생'과 같은 표현은 전혀 없다. 그저 초기의 뜨거운 우주에서 무거운 원소들이 어떻게 만들어졌는지 설명할 뿐이다. 이 논문은 우주의 뜨거운 열에서 만들어진 수소보다 무거운 물질은 전체 물질의 약 25퍼센트이며 대부분은 헬륨이라고 계산했는데, 이는 현재의 관측 결과와 잘 맞고 빅뱅 우주론을 지지하는 강력한 근거의 하나로 인정된다.

하지만 헬륨보다 무거운 원소에서는 이 논문의 계산 결과가 잘 맞지 않는다. 무거운 원소들을 만드는 핵융합은 확률적으로 일어나기 어려운 데다가, 우주가 팽창하면 온도와 밀도가 낮아지므로 핵융합이 일어날 확률과 에너지가 점점 줄어들기 때문이다. 이 논문은 양성자에 중성자가 결합해 무거운 핵이 된 다음에 중성자가 베타붕괴를 통해 양성자와 전자로 바뀌면서 무거운 원소가 만들어진다고 설명하는데, 실제로 무거운 원소들은 대부분 이 과정을 통해서 만들어진다. 문제는 이 과정이 초기 우주가 아니라 별에서 일어난다는 사실이다. 하지만 가모프는 어쨌든 자신들의 이론이 맞았다고 장난스럽게 이야기하곤 했다. 전체 물질 중 99퍼센트가 만들어진 과정은 맞게 설명했으니까.

이 논문이 빅뱅 이론을 처음 제안했다고 인정받는 이유는, 뜨거운 우주가 팽창과 함께 식으면서 현재 우주를 이루고 있는 물질이 만들어지는 과정을 설명하는데, 직접 표현하지는 않았지만 이것은 우주가 뜨거운 한 점에서 시작되었다는 사실을 전제로 하기 때문이다.

같은 해에 알퍼는 가모프의 박사 후 연구원으로 있던 로버트 허먼과 함께 또 하나의 중요한 연구 결과를 발표했다. 그들은 초기에 엄청난 고온 고밀도 상태였던 우주가 팽창과 함께 냉각할 때의 밀도와 온도 사이 관계식을 구했다. 우주가 팽창하면 물질의 밀도와 온도는 함께 낮아지는데 그 상관관계가 어떻게 되는지 알아낸 것이다. 그리고 지금의 물질 밀도를 이용하여 현재 우주의 온도를 절대온도 5K로 계산했다. 이 온도는 현재 우주에 고르게 퍼져 있어야 하고, 여기에서 나오는 열복사는 지금도 관측되어야 한다. 우주배경복사의 존재를 처음으로 예측한 것이었다.(R05)

과학에서 주로 사용하는 온도는 KKelvin, 켈빈라는 단위로 표시되는 '절대온도'absolute temperature다. 절대온도에서 273.15를 빼면 우리가 흔히 사용하는 섭씨온도가 되고, 섭씨온도에 273.15를 더하면 절대온도가 된다. 그러므로 절대온도 5K는 -268.15℃가 되고, 섭씨온도 0℃는 절대온도 273.15K가 된다. 절대온도 0K는 섭씨온도 -273.15℃이고 이것은 온도의 하한 값이 된다. 우주의 온도에 상한 값은 없지만 하한 값은 있다. 절대온도 0K보다 낮은 온도는 존재할 수 없는 것이다. -1000℃와 같은 온도는 존재할 수 없다. 절대온도 5K는 우주의 온도 하한 값인 절대영도보다 겨우 5도 높은 매우 낮은 온도인 것이다.

최근에는 알퍼와 허먼이 우주배경복사의 존재를 최초로 예견한 사람으로 인정받지만 당시 이들의 연구는 거의 주목받지 못했다. 그때만 해도 우주의 탄생과 진화를 연구하는 우주론은 제대로 된 연구

분야로 인정받기 못했기 때문이다. 과학자가 선택하는 연구 주제는 경력에 큰 영향을 미친다. 검증되지 않은 분야였던 우주론은 당시의 과학자들이 자신의 연구 경력을 투자할 정도로 매력적으로 보이지 않았다. 그리고 절대영도보다 약간 높은 온도의 열복사를 관측할 수 있는 기술이 없었다. 알퍼와 허먼의 연구는 시대를 지나치게 앞서간 것이었다.

빅뱅 우주론의 라이벌

빅뱅 우주론은 우주가 팽창하고 있다고 이해해 과거에는 우주의 크기가 더 작았다는 전제에서 나온 이론이다. 빅뱅 우주론을 미리 접한 지금의 관점에서는 이런 논리 전개가 당연하게 여겨질 수 있겠지만 1940년대나 1950년대에는 꼭 그렇지 않았다.

아인슈타인이 팽창하는 우주를 불편하게 여겼듯이 여전히 많은 사람들은 어느 날 갑자기 생겨나서 팽창하며 차가워지는 우주를 불편하게 생각했다. 우주가 계속 팽창한다면 우주의 밀도가 점점 낮아지고 결국에는 모든 물질이 공간에 퍼져서 아무것도 남지 않게 된다. 이런 상상은 많은 사람들을 거북하게 했다. 사람들에게는 우주가 언제나 한결같으리라는 막연한 믿음 혹은 바람이 있었다.

하지만 우주가 팽창한다는 사실은 분명했다. 그렇다면 팽창하는 우주는 어떻게 한결같은 모습을 유지할 수 있을까? 여기에는 간단한 방법이 있다. 우주가 팽창하면서 새로 만들어지는 공간에 물질도 새로 만들어지면 된다. 이는 빅뱅 우주론에 대응해서 등장한 '정상 상태 우주론'의 핵심 내용으로 프레드 호일, 헤르만 본디, 토머스 골드가 주장한 것이다.

우주가 팽창하면 원래 있던 은하와 은하 사이에 새로운 공간이 만들어지기 때문에 우주의 모습은 시간이 지나면서 달라진다. 그런데 정상 상태 우주론은 이렇게 새로 만들어진 빈 공간에서 계속 새로운 원자가 생성되고 이 원자들이 모여서 새로운 은하를 만들어내기 때문에 우주가 과거나 지금이나 항상 같은 상태로 남아 있다고 주장하는 것이다.

아무것도 없는 빈 공간에서 새로운 물질이 계속 만들어진다는 주장은 얼핏 말이 안 되는 것처럼 들린다. 하지만 사실 과거의 어느 한 순간에 우주의 모든 물질이 갑자기 나타났다는 빅뱅 우주론도 어떤 사람들에게는 말이 되지 않기는 마찬가지다. 정상 상태 우주론을 주장한 사람들은 한순간에 우주의 모든 물질이 나타났다는 설명보다는 오히려 물질이 서서히 지속적으로 만들어졌다는 설명이 더 쉽고 합리적이라고 주장했다.

정상 상태 우주론이 맞다면 우주에는 새로운 물질이 계속 만들어져야 한다. 그렇다면 우주에서 실제로 새로운 물질이 만들어지고 있는지 관측해보면 된다. 그런데 이것은 불가능하다. 만들어지는 물질의 양이 도저히 관측되지 않을 정도로 너무나 적기 때문이다. 새로운 물질이 만들어져서 우주가 항상 일정한 모습을 유지하려면 10억 년 동안 1세제곱미터에서 수소 1개만 만들어지면 된다. 이 정도의 양은 현재의 기술로도 사실 여부를 확인하기 어려운 수준이다.

당시로는 관측으로 확인할 방법이 없었지만 정상 상태 우주론은 빅뱅 우주론에 비해서 받아들여지기 쉬운 장점을 많이 가지고 있었다. 우선 앞에서 말한 대로 과거의 어느 한순간에 우주의 모든 물질이 갑자기 나타났다고 생각하는 것보다는 물질이 서서히 지속적으로 만들어졌다고 생각하는 편이 더 마음 편하다. 새롭게 만들어져야 하는 물질의 양이 극히 미미한 수준이라면 그렇게 불가능하게 여겨지지도 않는다.

정상 상태 우주론에 따르면 우주의 모습은 항상 일정하기 때문에 별로 복잡한 문제가 생기지 않는다. 하지만 빅뱅 우주론에 의하면 과거에는 우주의 밀도가 매우 높았기 때문에 현재의 물리법칙이 적용되지 않을 수도 있고, 과거의 우주가 어떤 모습이었는지 자신 있게 이야기할 수가 없다.

그리고 가모프의 빅뱅 우주론은 우주에 있는 헬륨의 양은 잘 설명하지만 헬륨보다 무거운 물질의 탄생을 제대로 설명하지 못했는데 이 문제를 해결한 사람이 바로 호일이었다. 호일은 원소들의 합성이 초기 우주가 아니라 별의 중심에서 이루어진다고 생각하고, 대부분의 원소들이 별의 중심에서 어떻게 만들어지는지를 성공적으로 설명했다.

이 성공을 기반으로 호일은 빅뱅 우주론을 강력하게 비판하는 데 앞장섰다. 사실은 '빅뱅'이라는 이름도 호일이 이 이론을 비판적으로 부르면서 만들어졌다고 알려져 있다. 호일이 영국 BBC 방송과의 라디오 인터뷰에서 가모프의 이론을 비판하면서 "그렇다면 우주의 모든 물질이 과거의 어느 한순간에 뻥Big Bang 하고 만들어졌다는 말이군요"라고 했는데, 유머 감각이 풍부했던 가모프는 이 말을 재미

있게 여겨 자신의 이론을 빅뱅 이론이라고 불렀다고 한다.

우주론에 대한 논쟁은 우주를 보는 관점으로 이어져 과학 이외의 분야에도 영향을 미쳤다. 1952년 교황 비오 12세는 빅뱅 우주론이 그리스도교의 교리와 잘 맞는다고 선언했다. 시간의 시작과 끝을 부정하는 정상 상태 우주론은 무신론에 가깝다고 했다. 러시아에서 탈출한 가모프는 정상 상태 우주론이 공산당과 연계되어 있다고 주장하기도 했다. 하지만 사실 러시아의 천문학자들은 두 이론 모두 받아들이지 않고 있었다. 호일은 자신의 이론이 개인의 자유와 반공산당과 연관되어 있다고 주장했지만 근거가 무엇이었는지는 짐작하기 어렵다.

초기에 빅뱅 우주론을 위험에 빠뜨린 것은 우주의 나이 문제였다. 우주가 팽창하는 속도와 거리를 알 수 있으면 과거 우주가 한 점이었을 때부터 지금까지 지나온 시간이 얼마나 되는지 계산할 수 있다. 예를 들어 자동차가 시속 100킬로미터로 달리고 출발한 지점에서 400킬로미터 떨어져 있으며, 자동차의 속도가 출발할 때부터 지금까지 일정하다고 가정하면 우리는 이 자동차가 4시간 전에 출발했다는 사실을 알 수 있다. 마찬가지로 은하들이 멀어지는 속도와 거리를 안다면 이 은하들이 언제 우리와 같은 지점에서부터 멀어지기 시작했는지 계산할 수 있다. 은하들이 우리와 같은 지점에 있었을 때는 우주가 한 점이었을 때이므로 이 시간이 바로 우주의 나이가 된다.

허블이 우주의 팽창을 발견한 것은 멀리 있는 은하가 더 빠른 속도로 멀어진다는 사실을 알아냈기 때문이므로 이미 은하의 속도와 거리를 모두 구한 것이다. 그러므로 우주의 나이를 쉽게 추정할 수 있다. 허블이 관측한 결과로 우주의 나이를 계산하면 약 18억 년이 된다. 그런데 이 나이에는 큰 문제가 있었다. 1940년대에는 방사성 동위원소에 의한 연대측정법으로 지구의 나이가 40억 년 이상이라는 결과가 나와 있었다. 우주가 지구보다 어리다는 것은 말이 되지 않기 때문에 빅뱅 우주론에 심각한 문제가 있다고 여겨질 수밖에 없었다.

빅뱅 우주론에서는 다행스럽게도 이 문제는 오래지 않아 해결되었다. 우주의 나이는 은하의 속도와 거리를 이용해서 구하는 것이므로 둘 중 하나가 잘못 측정되면 잘못된 값이 나온다. 문제는 거리 측정이었다. 허블은 세페이드 변광성을 이용해 거리를 구했는데 1950년대에 들어서 세페이드 변광성이 두 종류가 있다는 사실이 밝혀졌다. 두 종류의 세페이드 변광성은 실제 밝기가 서로 다른데 허블은 그 둘을 구분하지 않고 사용했기 때문에 거리 측정에 오류가 생길 수밖에 없었다. 세페이드 변광성을 구분하여 새롭게 구한 은하의 거리로 계산한 우주의 나이는 약 140억 년이었다. 적어도 우주의 나이는 빅뱅 우주론을 방해하지는 않게 되었다.

정상 상태 우주론에도 약점이 있었다. 호일은 대부분의 원소들이 별의 중심에서 어떻게 만들어지는지 성공적으로 설명했지만 우주 물질의 약 24퍼센트나 차지하는 헬륨이 어떻게 만들어졌는지 설명하지 못했다. 빅뱅 우주론은 우주 초기의 뜨거운 온도에서 많은 양의 헬륨이 만들어졌다고 한다. 호일은 모든 원소가 별의 중심에서 만들어진다고 했는데 그렇게는 많은 헬륨의 양을 설명할 수가 없다.

빅뱅 우주론으로는 대부분의 헬륨은 우주 초기에 만들어졌고 이후 별의 중심에서 무거운 원소들이 만들어졌다고 설명할 수 있지만, 정상 상태 우주론으로는 무거운 원소들이 만들어진 과정은 설명할 수 있어도 풍부한 헬륨의 존재는 설명하지 못한다.

1960년대 초반까지 두 우주론 사이의 경쟁은 뚜렷한 승자가 없었다. 그런데 강한 전파를 방출하는 퀘이사라는 특이한 천체가 발견되면서 정상 상태 우주론에 위기가 왔다. 정상 상태 우주론에 따르면 우주는 과거부터 현재까지 더 나아가서는 미래까지 언제나 같은 모습이어야 한다. 그런데 퀘이사는 가까운 우주에서는 발견되지 않고 아주 먼 곳에서만 발견되었다. 먼 곳을 본다는 것은 과거를 본다는 것을 의미하므로 이는 과거 우주의 모습이 현재와 다르다는 사실을 뜻한다. 과학자들 사이에서 정상 상태 우주론이 점점 인기를 잃어가던 무렵 결정적인 발견이 이루어지면서 승부는 완전히 결정이 났다.

우주를 보는 새로운 눈

천문학은 우주가 우리에게 제공해주는 유일한 단서인 빛을 관측해서 그 결과를 해석하는 학문이다. 그렇기 때문에 천문학에서 새로운 발견은 종종 새로운 빛을 볼 수 있게 되는 경우와 연결된다. 더 큰 망원경으로 어두워서 보지 못하던 빛을 볼 수 있게 될 때도 있고, 이전에는 보지 못하던 파장의 빛을 볼 수 있는 새로운 기기가 등장하기도 한다. 1960년대에 두 우주론 사이의 논란에 종지부를 찍은 발견은 불과 몇 십 년 전에 새롭게 개발된 기기와 함께 천문학의 새로운 분야가 된 전파천문학의 등장 덕분에 가능했다.

우리는 대부분 우리 눈에 보이는 빛인 가시광선으로 주변을 인식하지만 세상에는 눈에 보이지 않는 여러 종류의 빛, 즉 전자기파로 가득 차 있다. 그중에서도 우리가 일상생활에서 가장 많이 사용하는 전자기파는 전파일 것이다. 전파는 파장이 0.1밀리미터 이상으로 적외선보다 길어 장애물의 방해를 받지 않고 멀리까지 잘 전달되기 때문에 무선통신에 많이 사용된다.

1860년대에 제임스 클럭 맥스웰은 전자기이론을 발표하면서 전자기파는 파장의 길이에 관계없이 모든 파장을 가질 수 있다는 것을 보였다. 그리고 하인리히 헤르츠가 인공적인 전파를 만들어낸 이후 전파는 현재 일상생활에 없어서는 안 되는 존재가 되었다. 온도를 가진 물체는 여러 파장의 전자기파를 방출하기 때문에 별에서도 당연히 전파가 나올 것이라고 생각할 수 있었다. 천체에서 나오는 전파가 관측될 가능성에 대해서는 꾸준히 이야기되어왔고, 니콜라 테슬라를 포함한 몇몇 사람들은 태양에서 나오는 전파를 관측하려는 시도도 했지만 기술적인 문제로 성공하지는 못했다.

이탈리아의 젊은 전기기술자 굴리엘모 마르코니가 무선통신을 발명한 것은 1895년이고, 그 업적으로 노벨 물리학상을 받은 것은 1909년이다. 그 후로 일이십 년 사이에 무선통신 기술은 급격히 발전했다. 1920년대에 시작된 라디오방송은 사람들의 일상생활뿐만 아니라 정치도 바꾸어놓았다. 1930년대가 시작될 때쯤에는 무선통신은 거대한 사업이 되어 있었다.

AT&T사가 대서양을 가로지르는 무선전화 사업을 시작한 것은 1930년대 초반이다. 당시 미국 뉴저지 주 홈델에 위치한 AT&T사의 벨 전화 연구소Bell Telephone Laboratories에서 일하던 칼 잰스키에게 주어진 일은 자연에서 나오는 전파를 조사하는 것이었다. 인공 전파를 잡음 없이 전송하기 위해서는 자연에서 나오는 전파를 파악해 제거해야 했기 때문이다.

거대한 안테나로 잡음을 조사하던 그는 원인을 알 수 없는 신호가 반복적으로 기록되는 것을 발견했다. 그 신호는 24시간 간격으로 관측되었기 때문에 처음에는 안테나가 태양을 향할 때 생기는 것으로 생각했다. 그런데 이상하게도 신호의 주기가 정확하게 24시간이 아니라 23시간 56분이었다. 잰스키가 천문학을 배운 적이 있었다면 금방 이유를 알았을 것이다. 하지만 천문학을 몰랐던 그는 이상한 현상을 이해할 수 없었다.

그런데 때마침 스켈렛이라는 프린스턴대학 천문학과 대학원생이 벨 전화 연구소에서 잠시 일하고 있었다. 잰스키가 고민하던 문제를 들은 스켈렛은 잰스키를 찾아가 23시간 56분이 1항성일sidereal day이라는 사실을 알려주었다.

하루 24시간은 태양을 기준으로 하는 1태양일solar day이다. 지구 위의 한 지점에서 하늘의 태양을 관측한 뒤 지구가 한 바퀴 자전해 다시 같은 위치의 태양을 관측하는 데 24시간이 걸린다. 그런데 지구는 자전하면서 태양의 주위를 도는 공전도 하기 때문에 멀리 있는 별을 배경으로 보이는 태양의 위치는 매일 조금씩 달라져서 마치 태양이 다른 별들 사이를 움직이는 것처럼 보인다. 실제로는 태양이 뜨는 시간이 달라지는 것이지만 우리는 태양을 기준으로 시간을 정하기 때문에 다른 별들이 매일 4분씩 일찍 보이게 된다. 그러니까 잰스키가 관측한 신호의 주기가 24시간보다 4분이 짧은 23시간 56분인 이유는 이 신호가 태양이 아니라 다른 천체에서 나온 것이라는 의미였다.

잰스키는 신호가 나오는 방향이 은하수에서 별이 가장 많이 모여 있는 궁수자리 쪽이라는 사실을 알아내고 이 결과를 1933년에 발표했다. 우주에서 오는 전파를 관측한 최초의 결과였다. 잰스키는 은하수에서 나오는 전파를 더 자세히 조사하고 싶었지만 연구소에서 그에게 다른 프로젝트를 맡겼기 때문에 천문학 연구를 계속하지 못했다. 우주에서 오는 전파 잡음은 어떻게 처리할 수가 없는 것이므로 연구소로서는 당연한 일이었다. 하지만 그의 관측은 천문학에 새로운 길을 열어주었고, 그의 이름 잰스키Jy는 전파의 세기를 측정하는 단위가 되어 전파천문학에 영원히 남게 되었다.

미국의 아마추어 천문학자인 그로트 레버는 은하수에서 전파를 관측한 잰스키의 논문을 읽고 1937년에 자신의 집 뒷마당에 지름 9미터의 전파망원경을 만들었다. 잰스키가 사용한 전파망원경보다 성능 면에서 훨씬 뛰어난 것이었다. 그는 은하수뿐만 아니라 전 하늘에서 나오는 전파를 관측했고 레버의 관측 결과는 1940년에 발표되었다. 그리고 1941년, 제2차 세계대전이 일어났다.

레이더radar는 발사한 전파가 물체에 반사되어 돌아오는 것을 관측해 물체의 위치, 크기, 속도 등을 알아내는 기기다. 군사 목적으로 활용될 가능성이 매우 높았기 때문에 상업통신 기술과는 별개로 여러 나라에서 비밀리에 연구되다가 제2차 세계대전 때 본격적으로 사용되었다.

전쟁 중 영국 런던에서 레이더 안테나를 연구하던 J. S. 헤이와 동료 과학자들은 레이더에서 이상한 잡음이 발생하는 현상을 발견했다. 처음에 그들은 독일이 영국의 레이더를 교란하기 위해서 발사한 신호라고 생각했지만, 몇 달 동안 연구한 결과 이 잡음이 잰스키가 몇 년 전에 우리은하의 중심에서 관측했던 바로 그 신호라는 사실을 알아냈다.

전쟁에서의 필요성 때문에 그들은 우주에서 오는 전파 신호를 더 자세히 관측했다. 미국의 벨 전화 연구소 역시 전쟁 중에 레이더에 대한 연구를 많이 했기 때문에 잰스키와 레버의 과거 논문들을 다시 찾아서 보았다. 이렇게 우주에서 오는 전파를 관측하는 전파천문학이라는 새로운 학문이 탄생한 것이다.

영국과 미국에서 시작된 전파천문학의 주 무대는 몇몇 뛰어난 천문학자들 덕분에 네덜란드로 옮겨가게 된다. 레버의 1940년 논문을 본 네덜란드의 천문학자 얀 오르트는 천문학에서 전파의 중요성을 금방 깨달았다. 파장이 짧은 가시광선은 우주 공간에 있는 성간먼지에 의해 산란이나 흡수가 잘 되어 멀리까지 전달되지 않지만 파장이 긴 전파는 먼지들 사이를 쉽게 통과하기 때문에 은하 전체를 보기에 좋은 도구가 될 수 있다는 것이었다. 오르트는 천문학의 많은 분야에 큰 기여를 했는데, 대표적으로 1950년에 혜성들의 고향으로 제안한 '오르트 구름'Oort cloud에는 그의 이름이 붙어 있다.

오르트는 1927년에 별들의 움직임을 관측해 우리은하가 은하중심에서의 거리에 따라 다른 속도로 회전하는 계차회전을 하고 있다는 사실을 발견하기도 했다. 그는 우리은하의 구조를 좀 더 자세히 연구하고 싶었지만 은하중심 방향은 성간물질에 의한 소광 현상이 너무 심해서 가시광선으로는 관측할 수 없었다. 그래서 우리은하의 구조를 파악하는 것은 불가능했다. 그런데 오르트는 전파를 이용하면 이 상황을 획기적으로 개선할 수 있다는 사실을 직감했다.

1943년에 열린 네덜란드 천문학회 모임에서 오르트는 당시 위트

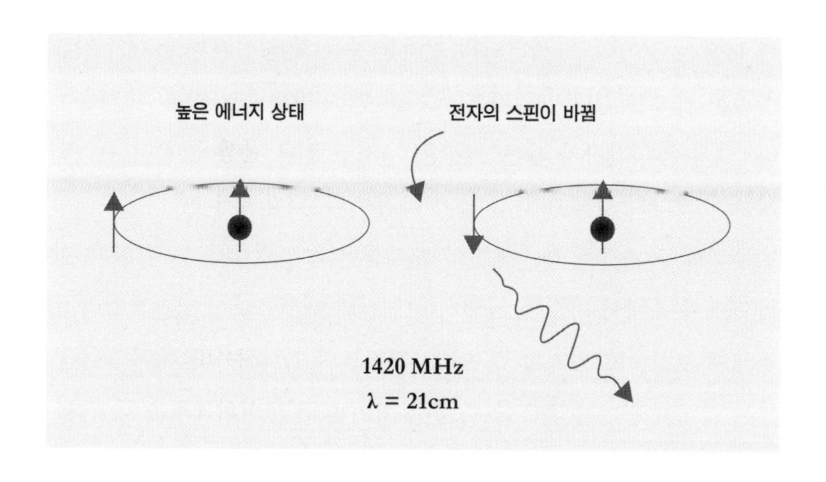

수소에서 파장 21cm의 전파가 나오는 과정.
양성자와 전자의 스핀이 같은 높은 에너지 상태에서 전자의 스핀이 반대로 바뀌면
낮은 에너지 상태가 되면서 21cm 전파가 방출된다.(그림 3)

레흐트대학의 대학원생 헨드릭 반 드 헐스트를 만났다. 오르트는 헐스트를 자신이 근무하던 라이덴대학으로 초청하여 레버의 논문을 좀 더 깊이 있게 연구해보기를 권했다. 우수한 학생을 알아보고 적절한 연구 주제를 주는 것은 대학 교수의 가장 중요한 역할 중 하나다. 아직 대학원생이던 1944년, 헐스트는 수소에서 파장 21센티미터의 전파가 나온다는 것을 이론적으로 예측했다.

수소는 양성자 하나와 전자 하나로 이루어진 가장 단순한 원소면서 우주에 가장 많이 존재한다. 원소에서 전자기파가 나오는 과정은 양성자 주위를 도는 전자가 높은 에너지 상태에 있다가 낮은 에너지 상태로 떨어질 때, 그 에너지 차이에 해당하는 파장의 전자기파

가 나오는 것이다. 21센티미터 전파는 수소의 양성자와 전자가 같은 스핀을 가지고 있다가 전자의 스핀이 반대 방향으로 바뀔 때 방출된다. 양성자와 전자가 같은 스핀을 가지고 있을 때가 스핀이 반대일 때보다 에너지 상태가 약간 높기 때문이다.(그림 3)

우주에 존재하는 성간물질의 대부분은 수소로 이루어져 있다. 그러므로 수소에서 나오는 21센티미터 전파를 관측하면 성간물질이 어떻게 분포하는지 파악할 수 있다. 헐스트의 결과가 나오자마자 오르트는 곧바로 전파를 관측할 수 있는 기기를 마련하는 계획을 세웠다.

1945년, 제2차 세계대전이 종료되자 오르트는 여러 사람들과 기관에 전파망원경 및 수신기 건설을 제안하는 편지를 보냈다. 그리고 그해 말에는 네덜란드의 수상인 세머호른을 만났다. 세머호른은 델프트공대의 측지학 교수 출신으로, 네덜란드의 과학을 제2차 세계대전 이전의 높은 수준으로 회복하고자 하는 강렬한 열망을 가지고 있었다. 정부의 강력한 지원으로 오르트는 전파망원경 건설 계획을 힘차게 추진할 수 있었다.

하지만 오르트가 목표로 하는 지름 25미터의 전파망원경을 만들기 위한 자금을 모으고 설계하는 것은 상당한 시간이 걸리는 일이었다. 그러는 동안 영국과 오스트레일리아에서는 제2차 세계대전 당시 레이더 관측에 사용되던 장비를 이용하여 전쟁을 통해 경험을 쌓은 과학자와 기술자들이 전파천문학 연구를 시작했다. 네덜란드는 제2차 세계대전 때 독일군에게 점령당했고 대학도 문을 닫았기 때문에 그러한 경험을 얻을 수 없었다. 그래도 독일군이 사용하던 레이더 안테나가 있었기에 새로운 전파망원경이 만들어지는 동안 전파 관측은 가능했다.

하지만 천체를 관측하기 위해서는 망원경만 있어서는 안 된다. 광학망원경에는 카메라가 필요하고 전파망원경에는 전파수신기가 필요하다. 광학망원경은 눈으로라도 볼 수 있지만 전파 신호는 보이지 않기 때문에 전파망원경이 받은 신호를 기록하는 수신기가 없다면 아무런 쓸모가 없다. 제2차 세계대전 당시 사용하던 수신기를 하나 구해서 관측을 시도했지만 성능이 별로 좋지 못했고, 그나마도 1950년에 일어난 화재로 망가져버렸다.

델프트공대를 갓 졸업한 공학자 알렉스 멀러가 오르트의 팀에 합류한 것은 바로 이 시기였다. 사용하던 수신기 부품들이 모두 망가져버렸기 때문에 멀러는 모든 것을 처음부터 다시 시작해야 했다. 천문학에 대해서는 거의 아무것도 모르던 멀러가 이런 상황에서 5개월 만에 수신기를 개발하여 21센티미터 전파 관측에 성공했다는 것은 기적에 가까운 일이었다. 멀러는 주변 상황이 아주 좋았고 특히 열성적인 천문학자들의 헌신적인 지원이 이 일을 가능하게 했다고 회상했다.(R06) 네덜란드에서 이렇게 수신기 개발을 서둘렀던 데는 다른 이유도 있었다. 21센티미터 전파의 최초 관측에 성공한 것이 그들이 아니었기 때문이다.

미국 하버드대학의 대학원생 해럴드 이언은 낮에는 입자가속기 개발에 참여하고 주말과 밤에는 지도교수인 에드워드 퍼셀과 함께 박사 논문 마무리를 위해서 21센티미터 전파를 관측할 수 있는 수신기를 만들었다. 1951년 3월 25일, 이언과 퍼셀은 뿔 모양 안테나를 이용해 처음으로 21센티미터 전파를 관측하는 데 성공했다. 퍼셀은 마침 하버드에 머물던 헐스트에게 네덜란드 연구진들이 자신들의 관측 결과를 확인해줄 수 있는지 물어보았고 헐스트는 그 내용을 오르트와 멀러에게 전했다.

멀러는 이언이 만든 수신기에 사용한 방법이 자신들의 수신기를 개발하는 데 큰 도움이 되었다고 이야기했다. 미국의 소식에 자극과 함께 도움을 받은 멀러는 두 달도 지나기 전에 수신기 개발을 완료하여 같은 해 5월 11일에 21센티미터 전파 관측에 성공했다. 이언과 퍼셀의 논문, 멀러와 오르트의 논문은 그해 〈네이처〉지에 나란히 게재되었다.(R06)

21센티미터 전파 관측에 성공한 네덜란드의 천문학자들은 다음 프로젝트에 착수했다. 멀러는 수신기 성능을 획기적으로 향상시켰다. 매우 힘든 과정이었는데, 멀러는 프로젝트의 책임자인 오르트가 단 한 번도 진행을 독촉하지 않고 전폭적인 신뢰와 지원을 해주었기 때문에 가능했다고 이야기한다. 1952년 6월부터는 첫 번째 서베이 관측이 시작되었다. 은하의 평면을 따라 5도 간격으로 모두 54개 지점을 관측했다. 결과는 처음부터 매우 성공적이었다. 은하 평면을 따라 수소가 많이 모인 지점들이 확인되었고 나선 팔의 존재 가능성도 보였다. 오르트는 첫 번째 관측 결과를 그해 9월에 로마에서 열린 국제천문연맹International Astronomical Union, IAU 전체 미팅에서 발표했다.

은하 평면에서 나오는 21센티미터 전파에 대한 전체적인 관측 결과는 1953년, 헐스트가 발표했다. 21센티미터 전파 관측에서 구할

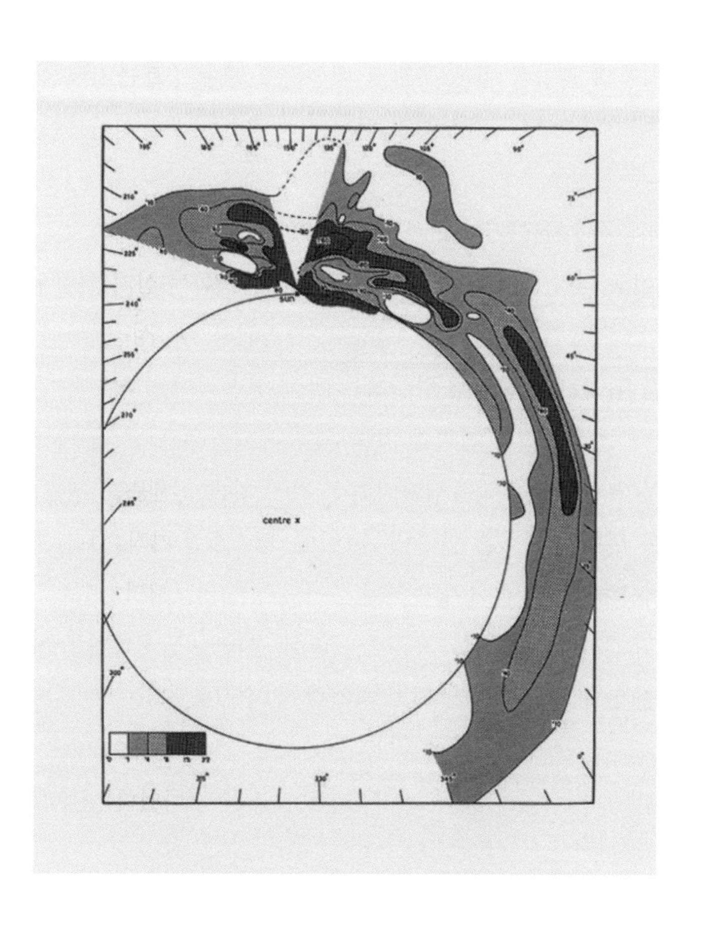

21cm 전파로 관측한 최초의 우리은하 나선 팔 지도.
원은 태양이 은하중심을 도는 궤도를 그린 것이다.(그림 4, R06)

수 있는 것은 전파가 나오는 물체의 속도와 전파의 세기다. 움직이는 물체에서 나오는 전자기파는 물체가 관측자 방향으로 다가가면 전자기파의 파장이 짧은 쪽으로 이동하고 물체가 관측자에게서 멀어지면 전자기파의 파장이 긴 쪽으로 이동하는 도플러이동이 나타난다.

그러니까 21센티미터 전파는 모두 21센티미터의 파장으로 관측되는 것이 아니라, 전파를 방출하는 물체와 관측자의 상대적인 운동에 따라 조금 더 길거나 짧은 파장으로 관측된다. 파장이 얼마나 변했는지를 관측하면 전파를 방출하는 물체가 움직이는 속도를 알아낼 수 있다. 21센티미터 전파를 방출하는 수소는 은하중심을 중심으로 회전하기 때문에 은하중심에서의 거리에 따른 회전속도 관계를 이용하면 수소의 위치를 알아낼 수 있다. 헐스트는 그 결과를 그림으로 그렸는데 나선 팔이 명확하게 드러났다.(그림 4) 우리은하에 나선 팔이 존재한다는 사실을 처음으로 밝힌 결과였다. 전파천문학이 천문학 연구의 핵심 분야가 되기 시작한 것이었다.

결정적인 발견

벨 전화 연구소는 기업의 부설 연구소지만 산업과 직접 관련이 없는 연구에도 많은 관심을 기울이고 투자하는 곳으로 유명하다. 하지만 새롭게 등장한 전파천문학은 우리은하의 나선 팔을 처음으로 발견하는 등 큰 성과를 거두기도 했지만 연구소의 경영자들은 전파천문학에서 얻어낼 것이 많지 않다고 판단했다. 그래서 벨 전화 연구소는 전파천문학 분야를 사실상 포기하고 단 한 명의 전파천문학자만을 고용하기로 결정했다. 독일에서 태어났지만 나치의 유대인 탄압을 피해 여섯 살에 미국으로 옮겨가 1962년에 컬럼비아대학에서 박사학위를 받은 아노 펜지어스가 그 자리를 차지했다.

펜지어스에게 주어진 임무는 전파를 수신하는 안테나를 다루는 것이었다. 이 안테나는 최초의 통신위성 전신인 에코Echo에서 반사되는 전파 신호를 수신하기 위하여 1960년에 만들어진 것이다. 에코를 이용한 시험을 끝낸 후에는 1962년에 발사된 최초의 통신위성인 텔스타Telstar의 신호를 수신하는 데 사용되었다. 통신위성이 대양을 넘어 위성 전화나 텔레비전 신호를 보내는 데 성공적으로 사용될 수 있다는 사실을 보이는 것으로 이 안테나는 임무를 다했다.

펜지어스는 벨 전화 연구소의 경영자들에게 이 안테나를 전파망원경으로 바꾸자고 제안했다. 다행히도 펜지어스의 부서장은 전파천문학이 위성통신 연구에도 도움이 될 것이라는 선견지명을 가진 사람이었다. 덕분에 펜지어스는 1963년부터 새롭게 합류한 천문학자 로버트 윌슨과 함께 이 안테나를 전파망원경으로 바꾸는 작업을 시작할 수 있었다.

윌슨은 휴스턴에서 태어나 전기기술자가 되기 위해 라이스대학에 입학했지만 수학과 물리학에서 뛰어난 재능을 발휘하여 매사추세츠 공과대학MIT과 캘리포니아 공과대학Caltech, 칼텍의 물리학과 대학원에서 동시에 입학 허가를 받았다. 칼텍을 선택한 그는 쿼크를 발견하여 1969년 40세의 나이에 노벨 물리학상을 받은 머레이 겔만에게서 양자역학을 배우고 정상 상태 우주론의 대표자인 프레드 호일에게서 우주론을 배웠다.

펜지어스와 윌슨의 전파망원경은 에코와 텔스타의 약한 신호를 수신하기 위해 만들어졌기 때문에 매우 정밀했고, 펜지어스는 여기에 열에 의한 잡음을 줄이기 위해 극저온으로 냉각하는 저온 부하cold load라는 장치까지 추가했다. 그들은 당시 하늘에서 가장 강한 전파원으로 알려진 카시오페이아 ACassiopeia A라는 초신성 잔해를 관측했다. 신호는 충분히 셌지만 너무나 강한 잡음이 섞여 있었다.

사실 이 잡음은 이전에 에코와 텔스타의 신호를 수신하던 과학자들에게도 잘 알려진 것이었다. 도저히 이를 제거할 수 없었던 그들은 잡음을 신호에서 빼버리는 것으로 문제를 해결했다. 하지만 펜지어스는 이 잡음이 훨씬 더 정밀한 관측을 요하는 천체의 전파 신호와 간섭을 할 수 있을 것이라고 생각했기 때문에 그냥 빼는 것으로 만족할 수 없었다.

펜지어스와 윌슨은 전파망원경을 모두 분해했다가 다시 조립했다. 계절에 따라 잡음의 세기가 달라지는지, 달의 위상과 관계가 있는지 확인하고 망원경에 사용된 리벳을 교체하기도 했다. 안테나에 둥지를 튼 비둘기를 쫓아내고 배설물까지 깨끗하게 닦아냈지만 여전히 잡음은 없어지지 않았다.

가까운 뉴욕에서 발생하는 잡음과 핵실험이 밴앨런대Van Allen Belt의 입자들에 영향을 주어 생길 수 있는 잡음까지 조사한 펜지어스와 윌슨은 잡음의 원인을 밝히는 데는 포기 상태였다. 그들은 불과 60킬로미터쯤 떨어져 있는 프린스턴대학의 연구원들이 자신들이 고민하는 바로 그 잡음과 같은 전파를 관측하기 위하여 건물 옥상에 전파망원경을 만들고 있다는 사실도 알지 못했다.

당시 프린스턴대학의 물리학 교수 로버트 디키는 다재다능하기로 유명한 사람이었다. 그는 이론과 실험에 모두 뛰어났는데 이런 사람은 당시뿐만 아니라 지금도 흔하지 않다. 제2차 세계대전 중에는 레이더 개발에 참여했고 전쟁 후에는 초단파 복사를 측정하는 정밀한 기기를 발명했으며, 양자역학과 상대성이론 연구에도 뛰어난 능력을 발휘했다.

프린스턴에서 근무하던 1950년대에는 '진동우주'oscillating universe

라는 새로운 우주론을 고안했다. 우주가 팽창과 수축을 반복한다는 이론으로 지금의 우주도 언젠가 수축하여 다시 빅뱅이 일어날 수 있다는 것이다. 그러므로 현재 우리 우주가 만들어진 빅뱅 이전에도 우주가 존재했을 수 있다. 이 부분을 제외하고 우리가 살고 있는 우주만 생각하면 우주가 뜨거운 한 점에서 시작되었다는 빅뱅 우주론과 큰 차이는 없다. 그러므로 1940년대의 알퍼와 허먼처럼 디키가 우주가 뜨거웠을 때의 온도가 지금도 남아 있을 것이라고 생각한 바는 어쩌면 자연스러운 결과였다. 디키는 알퍼와 허먼이 이전에 그러한 논문을 발표했다는 사실을 알지 못했다.

1964년 여름의 어느 날, 디키는 우주가 뜨거웠을 때의 온도에서 나오는 복사를 관측할 수 있을지 시험해보기로 결심하고 자신의 연구 팀원인 제임스 피블스, 데이비드 윌킨슨, 피터 롤에게 생각을 이야기했다. 이론적인 계산은 피블스가 맡고 윌킨슨과 롤은 그 복사를 관측할 수 있는 전파망원경을 만들기로 했다.

윌킨슨은 실제로 관측이 가능할 것이라고 믿지는 않았지만, 당시 딱히 다른 할 일이 없었고 그 일이 그렇게 어렵지 않고 꽤 재미있을 것 같아서 해보기로 결정했다고 한다.(R07) 당시의 과학자들은 실험 도구를 직접 제작해야 했다. 기계 부품 가게들을 뒤지며 롤은 저온 부하를, 윌킨슨은 안테나를 만들었다. 그러는 동안 피블스는 디키의 이론에 대한 자세한 계산에 열중했다.

1965년 초에 피블스는 초기 우주의 뜨거운 온도가 지금은 10K를 넘지 않을 것이라는 계산을 마쳤고 윌킨슨과 롤의 전파망원경도 거의 완성되었다. 피블스는 뉴욕에서 열린 미국 물리학회에 참가해 프린스턴대학에서 만들고 있는 전파망원경과 이론적 배경에 대해서 발표했다. 그 자리에는 피블스와 함께 디키의 제자로 프린스턴대학원에서 공부했던 천문학자 켄 터너가 있었다. 피블스의 발표를 인상 깊게 들은 터너는 카네기 연구소에 있던 동료 천문학자인 버나드 버크에게 그 이야기를 했다. 그리고 한 달 뒤 버크는 펜지어스의 전화를 받았다. 버크와 펜지어스는 얼마 전 미국 천문학회에서 만나 전파망원경에서의 잡음 이야기를 나눈 적이 있었다. 펜지어스는 다른 일로 버크에게 전화를 했지만 다행히도 버크는 펜지어스와 나누었던 잡음 이야기와 터너에게 들은 피블스의 발표를 떠올렸다. 그는 펜지어스에게 가까이 있는 프린스턴대학으로 문의해보라고 권했다.

디키는 피블스, 윌킨슨, 롤과 함께 사무실에서 점심 모임을 하던 중에 펜지어스의 전화를 받았다. 펜지어스에게서 우주의 모든 방향에서 감지되는 신호에 대한 이야기를 듣고 디키는 곧바로 그것이 바로 자신들이 찾던 우주배경복사라는 사실을 알아차렸다. 전화를 끊은 디키는 자기 팀을 돌아보며 이렇게 말했다. "여러분 우리가 한발 늦었습니다."

그들은 곧바로 차를 몰고 벨 전화 연구소로 가 펜지어스와 윌슨을 만났다. 두 팀은 천문학 학술 저널에 두 편의 논문을 싣기로 합의했다. 두 팀의 논문은 1965년 5월에 발간된 〈천체물리학 저널Astrophysical Journal〉에 나란히 실렸다.

펜지어스와 윌슨은 「4080메가헤르츠에서의 초과된 안테나 온도 측정A Measurement of Excess Antenna Temperature at 4080 Mc/s」이라는 논문에 단순히 자신들이 발견한 사실만 제시하고 이에 대한 설명은 프린

A MEASUREMENT OF EXCESS ANTENNA TEMPERATURE AT 4080 Mc/s

Measurements of the effective zenith noise temperature of the 20-foot horn-reflector antenna (Crawford, Hogg, and Hunt 1961) at the Crawford Hill Laboratory, Holmdel, New Jersey, at 4080 Mc/s have yielded a value about 3.5° K higher than expected. This excess temperature is, within the limits of our observations, isotropic, unpolarized, and

© American Astronomical Society • Provided by the NASA Astrophysics Data System

420 LETTERS TO THE EDITOR Vol. 142

free from seasonal variations (July, 1964–April, 1965). A possible explanation for the observed excess noise temperature is the one given by Dicke, Peebles, Roll, and Wilkinson (1965) in a companion letter in this issue.

1965년 펜지어스와 윌슨이 〈천체물리학 저널〉에 발표한 논문의 앞부분.(그림 5)

We deeply appreciate the helpfulness of Drs. Penzias and Wilson of the Bell Telephone Laboratories, Crawford Hill, Holmdel, New Jersey, in discussing with us the result of their measurements and in showing us their receiving system. We are also grateful for several helpful suggestions of Professor J. A. Wheeler.

R. H. Dicke
P. J. E. Peebles
P. G. Roll
D. T. Wilkinson

May 7, 1965
Palmer Physical Laboratory
Princeton, New Jersey

REFERENCES

Alpher, R. A , Bethe, H. A , and Gamow, G 1948, *Phys. Rev.*, **73**, 803
Alpher, R A., Follin, J W., and Herman, R. C. 1953, *Phys. Rev* , **92**, 1347.

1965년 디키, 피블스, 롤, 윌킨슨이
〈천체물리학 저널〉에 발표한 논문의 마지막 부분.(그림 6)

스턴대학 팀의 논문에 있을 것이라고 했다.(R08)

그림 5에 펜지어스와 윌슨이 발표한 논문의 일부를 소개한다. 4080Mc/s에서 예상보다 높은 3.5K 온도를 발견했으며, 이 초과된 온도는 등방성isotropic을 가지고, 편광되어 있지 않고, 계절의 변화와도 상관없다고 말하고 있다. 여기서 4080Mc/s는 'Mega Cycle/second'라는 단위로 메가헤르츠MHz와 같은 단위다. 4080메가헤르츠는 파장으로는 7.3센티미터다. 그리고 이 초과된 온도에 대한 설명은 디키, 피블스, 롤, 윌킨슨의 논문에 제시되었다고 적혀 있다.

디키, 피블스, 롤, 윌킨슨의 논문은 「우주의 흑체복사Cosmic Black-Body Radiation」라는 제목으로 대폭발이 어떻게 원시 복사를 방출할 수 있었는지 설명하고 펜지어스와 윌슨이 발견한 신호가 바로 그 복사라는 사실을 보여주었다.(R09)

"우리가 결과를 얻기 전에 벨 전화 연구소의 펜지어스와 윌슨이 파장 7.3센티미터의 배경복사를 관측했다는 사실을 알게 되었다." 그리고 우주가 아주 뜨거운 한 점에서 생겼다고 가정하면 이 등방성을 가지는 복사를 설명할 수 있다고 결론 내렸다.

그림 6에 이들의 논문 마지막 부분을 소개한다. "우리와 자신들의 결과를 토론하고 그들의 수신기 시스템을 보여준 벨 전화 연구소의 펜지어스와 윌슨 박사에게 감사드린다. 그리고 몇 가지 도움이 되는 제안을 해준 J. A. 휠러 교수에게도 감사드린다." 여기에서 J. A. 휠러는 '블랙홀'이라는 이름을 처음으로 사용한 프린스턴대학의 존 아치볼트 휠러 교수를 말한다.

참고문헌에는 알퍼와 가모프의 '알파-베타-감마 논문'과 알퍼의 또 다른 논문이 인용된 것을 볼 수 있다. 「우주의 흑체복사」에서 이들의 논문은 초기 우주의 뜨거운 온도에서 헬륨이 합성되는 과정을 설명한 것으로 인용되어 있고, 우주배경복사를 처음으로 제안한 알퍼와 허먼의 논문은 인용되어 있지 않다. 디키가 1960년대 초반에 우주배경복사의 존재를 예측할 때는 알퍼와 허먼의 연구 결과를 몰랐던 것이 분명해 보이지만 이 논문을 쓸 때까지도 몰랐을지는 확실하지 않다. 그런데 알퍼의 다른 논문은 인용하면서도 그 논문은 인용하지 않은 것으로 보아 이때까지도 몰랐을 수 있을 듯하다.

이들의 논문은 1965년 5월 21일 자 〈뉴욕 타임스〉 1면 기사로 보도되었다. 하지만 처음에는 과학자들 사이에 쉽게 받아들여지지 않았다. 특히 정상 상태 우주론을 믿는 사람들의 반발이 컸다. 호일은 이것이 별빛과 성간먼지들의 상호작용으로 생긴 현상일 수 있다고 주장했다. 하지만 곧 윌킨슨을 비롯한 여러 천문학자들이 계속 관측해서 믿을 만한 자료들이 쌓이자 이 복사가 빅뱅의 잔해라는 사실이 점점 분명해졌다.

빅뱅 우주론은 우주배경복사의 존재를 분명하게 예측했다. 하지만 정상 상태 우주론으로는 우주배경복사의 존재 이유를 설명할 수가 없다. 우주배경복사가 발견된 이후 정상 상태 우주론에 관심을 보이는 사람은 점점 줄어들었고 1970년대 초반에는 빅뱅 우주론이 우주의 탄생을 설명하는 정설로 자리 잡았다. 그리고 우주배경복사를 발견한 펜지어스와 윌슨은 1978년 노벨 물리학상을 수상했다.

펜지어스와 윌슨은 자신들도 모르는 사이에 우주배경복사를 발견했고 그 공로로 노벨상까지 수상했다. 그들의 상사인 벨 전화 연

아노 펜지어스(오른쪽)와 로버트 윌슨
그리고 그들이 우주배경복사를 발견하는 데 사용한 전파망원경.(그림 7)

구소의 이반 카미노프는 이 행운을 이렇게 요약했다. "그들은 똥을 찾다가 금을 발견했다. 우리들 대부분의 경험과는 정반대다." 하지만 펜지어스와 윌슨이 우주배경복사를 발견한 것은 순전히 운이 좋았기 때문만은 아니었다. 이들이 아니었다면 우주배경복사 발견으로 노벨상을 받았을 가능성이 가장 높았던 윌킨슨은 그들의 업적을 이렇게 평가했다. "그들은 정말 기가 막힌 장비를 만들었어요. 내가 아는 최고의 전파망원경 전문가들입니다. 아마도 대부분의 사람들이 포기하고 말았을 상황에서도 그들은 절대 포기하지 않았어요."

사실 1978년 노벨 물리학상에 대해서 가장 억울해할 사람은 우주

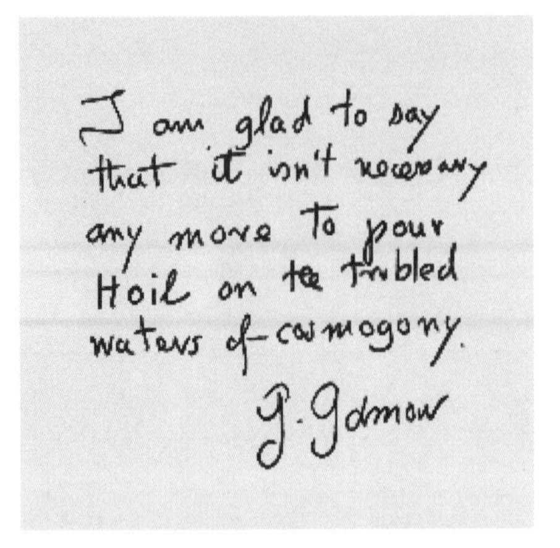
I am glad to say
that it isn't necessary
any more to pour
Hoil on the troubled
waters of cosmogony.
G. Gamow

가모프의 쪽지.
"호일이 더 이상 우주론의 험한 세상에서 허우적거릴 필요가 없게 되어 다행이다."
'cosmogony'는 우주론 중에서도 특히 우주의 기원에 대한 이론의 의미로 쓰이는 단어다.
지금도 사용되기는 하지만 요즘은 주로 'cosmology'로 포괄해서 쓴다.(그림 8, R10)

배경복사를 처음으로 예측했던 랄프 알퍼였을 것이다. 우주배경복사 발견이 노벨상을 수여할 만한 대단한 업적이라면 그것을 이론적으로 예측한 공적에도 노벨상이 수여될 충분한 이유가 있다. 하지만 안타깝게도 알퍼는 펜지어스가 노벨상 시상식장에서 자신의 이름을 언급한 것만으로 만족해야 했다.(R03)

우주배경복사는 빅뱅 우주론에 결정적인 승리를 가져다주었다. 정상 상태 우주론의 대표자인 호일에게서 우주론을 배웠던 윌슨의 심경은 꽤 복잡했을 것이다. 윌슨은 훗날 이렇게 회고했다. "나는 정상 상태 우주를 훨씬 더 좋아했다. 철학적으로는 아직도 이쪽이 더

좋다."(R10)

그런데 우주배경복사의 발견은 단순히 빅뱅 우주론을 우주 탄생 이론의 정설로 자리 잡게 함으로써 임무를 다한 것이 아니었다. 여기에는 우주 탄생의 비밀을 알려줄 수많은 정보가 담겨 있었다. 이 발견으로 철학의 영역에 있던 우주론이 이론적인 예측과 관측적인 검증이 가능한 과학이 된 것이다.

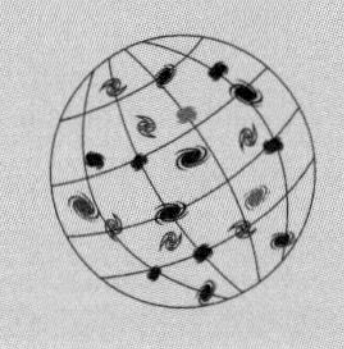

우주에 흩어진 빛

그동안 뿌연 안개에 싸여 있는 것 같았던 우주가 갑자기 투명해지면서 드디어 빛이 자유롭게 이동할 수 있게 되었다. '태초의 빛'은 사실 우주가 태어난 지 38만 년 뒤에야 나타난 것이다.

혼돈의 시대

우리 우주가 어떤 물질로 이루어져 있으며 어떻게 상호작용하고 있는지를 설명하는 이론으로 입자물리학의 '표준 모형'Standard Model of particle physics이 있다. 이 표준 모형은 이름 그대로 우리 우주에 있는 물질과 이들의 상호작용에 대해 거의 모든 것을 설명해주며 40년 넘게 무수한 실험적 검증을 통해 극히 정밀한 수준까지 확인되었다.

현재의 표준 모형은 우리 우주의 물질과 이들의 상호 작용을 모두 17개의 기본 입자로 설명한다. 물질을 이루는 기본 입자인 6종류의 쿼크quark와 6종류의 렙톤lepton, 4종류의 힘 매개 입자 그리고 마지막으로 지난 2013년에 발견되어 노벨 물리학상의 주인공이 된 힉스 입자Higgs boson다.

이 중에서 우리가 보는 보통 물질을 구성하는 입자는 쿼크 중에서 업up 쿼크와, 다운down 쿼크 그리고 렙톤 중에서 가장 가벼운 렙톤인 전자 3종류뿐이다. 나머지 입자들은 아주 특수한 조건에서 잠시 존재했다가 사라진다. 우리가 보는 모든 물질은 업 쿼크, 다운 쿼크, 전자 이렇게 단 3종류의 기본 입자만으로 만들어진 것이다.

우주의 모든 보통 물질을 구성하는 이 3종류의 기본 입자는 모두 빅뱅이 일어난 직후에 만들어졌다. 전자의 전하량을 -1이라고 하면 업 쿼크의 전하량은 $+\frac{2}{3}$, 다운 쿼크의 전하량은 $-\frac{1}{3}$이다. 곧이어 2개의 업 쿼크와 1개의 다운 쿼크가 결합하여 하나의 입자가 만들어졌는데 전하량의 합이 $1(\frac{2}{3}\times2-\frac{1}{3}=1)$이기 때문에 이것을 양성자라고 한다. 그리고 1개의 업 쿼크와 2개의 다운 쿼크가 결합하여 또 다른 입자가 만들어졌는데 이 입자의 전하량 합은 $0(\frac{2}{3}-\frac{1}{3}\times2=0)$이기 때문에 중성자라고 한다. 이 과정은 빅뱅이 일어난 지 1초가 지나기 전에 모두 이루어졌다.

우리 우주에는 현재 92종류의 원소가 자연 상태에 존재하고 26종류의 원소가 인공적으로 만들어져 총 118종류의 원소가 있다. 이렇게 다양하지만 원소들을 이루는 재료는 양성자, 중성자, 전자 3종류의 입자뿐이다. 원소의 알갱이 원자는 중심에 원자핵이 있고 그 주위에 전자가 분포하는 구조다. 원자핵에는 양성자와 중성자가 있다. 어떤 종류의 원소가 되는지는 원자핵 속에 있는 양성자의 수로 결정된다. 양성자의 수가 달라지면 다른 원소가 되는 것이다. 양성자의 수는 같고 중성자의 수만 다른 원소는 동위원소라고 한다. 동위원소는 양성자의 수가 같기 때문에 기본적으로 같은 종류의 원소다.

수소 원자는 양성자 하나와 전자 하나로 이루어진다. 빅뱅 직후에 만들어진 양성자는 그 자체로 수소의 원자핵이므로 당연히 우주에 가장 많이 존재하는 원소는 수소가 된다. 탄생 직후의 우주는 매우 뜨겁고 밀도가 높기 때문에 수소 원자핵이 핵융합 반응을 일으켜 헬륨 원자핵이 만들어진다. 그 과정은 다음과 같다.

먼저 수소 원자핵인 양성자에 중성자가 충돌해 결합하여 중수소 원자핵이 만들어진다. 중수소는 수소와 양성자 수는 같고 중성자 수가 다르므로 수소의 동위원소가 된다. 양성자는 +전하를 가지고 있어서 서로 밀어내기 때문에 양성자 2개가 직접 결합하지 못하고 전하가 없는 중성자가 매개체 역할을 한다. 여기에 양성자가 결합하여 양성자 2개와 중성자 1개로 구성된, 흔히 헬륨-3이라고 불리는 헬륨의 동위원소가 만들어진다. 마지막으로 헬륨-3에 중성자 하나가 결합하여 양성자 2개와 중성자 2개로 구성된 헬륨 원자핵이 만들어지면서 '원시 핵융합'primordial nucleosynthesis 반응이 완성된다.

이 과정은 빅뱅이 일어난 지 3분 이내에 이루어졌다. 그 시간이 지나면 우주의 온도와 밀도가 더 무거운 원소의 핵융합이 일어날 정도가 되지 않기 때문에 더 이상 핵융합이 일어나지 않는다. 헬륨보다 무거운 원소들을 만드는 핵융합은 몇 억 년 뒤에 만들어진 별들의 내부에서 이루어진다.

원시 핵융합이 일어나는 과정은 빅뱅 우주론으로 설명이 가능하다. 가모프가 처음 생각했던 것처럼 빅뱅 직후의 우주는 핵융합이 일어날 수 있을 정도로 충분히 뜨겁고 밀집한 곳이었기 때문이다. 원시 핵융합 과정에서는 헬륨뿐 아니라 아주 적은 양의 리튬과 베릴륨도 만들어진다. 빅뱅 우주론의 가장 중요한 내용 중 하나는 원시 핵융합 과정에서 만들어지는 헬륨과 리튬, 베릴륨의 양을 정확하게 계산할 수 있다는 것이다. 빅뱅 우주론의 계산 결과는 전체 우주에 존재하는 원자들의 질량 75퍼센트를 수소가 차지하고 24퍼센트를 헬륨이 차지하고 있는 현재의 관측 결과와 잘 맞다. 뿐만 아니라 리튬과 베릴륨같이 소량으로 만들어지는 원소들 양의 계산도 놀라울 정도로 관측 결과와 일치한다. 나머지 1퍼센트는 이후 별에서 만들어진 원소들이다.

원시 핵융합 과정에서 만들어지는 가벼운 원소들의 양에 대한 이론적인 계산과 관측 결과의 거의 완벽한 일치는 우주배경복사의 존재와 함께 빅뱅 우주론을 뒷받침하는 중요한 근거가 된다. 반면 빅뱅 우주론과 달리 핵융합을 인정하지 않고 모든 원소가 별에서 만들어졌다고 보는 정상 상태 우주론으로는 헬륨의 양을 설명하지 못한다. 태양과 같은 별의 중심부에서 10퍼센트의 수소가 헬륨으로 바뀌는 데 수십 억 년이 걸린다. 모든 헬륨이 별에서 만들어졌다고 보기에는 헬륨의 양이 너무 많다.

원시 핵융합 반응에 대한 연구는 우주론 전체에서 또 하나의 매우 중요한 역할을 한다. 처음 3분간 만들어진 가벼운 원소들의 양은 우주에 있는 양성자와 중성자의 수와 밀접한 연관이 있다. 특히 양성자 하나와 중성자 하나로 이루어진 중수소의 비율이 중요하다. 중수소는 별에서 만들어지지는 않고 파괴되기만 하므로 현재 관측되는 중수소는 모두 원시 핵융합 반응 과정에서 만들어진 것이다. 그러므로 중수소의 이론적인 계산 값과 현재 관측되는 값을 비교해서 우주 전체에 얼마나 많은 양성자와 중성자가 존재하는지 알아낼 수 있다.

양성자와 중성자의 질량은 전자의 질량보다 1천 배 이상 크기 때문에 원자의 질량은 사실 양성자와 중성자의 질량과 같다. 그래서 양성자와 중성자를 '바리온'baryon이라고 한다. 이것은 '무겁다'는 뜻의 그리스어에서 온 말이다. 결국 양성자와 중성자의 밀도를 알면 우주에 있는 모든 원자의 밀도를 알 수 있게 된다.

수십 년 동안의 계산과 관측 결과 천문학자들은 우주에서 바리온의 평균 밀도는 우주 전체 밀도의 약 5퍼센트를 차지한다는 사실을 알아냈다. 모든 은하, 별, 행성, 소행성, 혜성, 성운 등등의 질량을 다 합한 것이 우주 전체 밀도의 5퍼센트밖에 되지 않는다는 말이다. 나머지 95퍼센트는 아직 정체를 알 수 없는 암흑물질과 암흑에너지가 차지하고 있다.

빅뱅이 일어난 지 3분이 지난 뒤 우주의 온도는 약 10억K가 되었다. 아직 온도는 높지만 자유로운 중성자가 남아 있지 않기 때문에 더 이상 핵융합 반응은 일어나지 않는다. 이때의 우주는 대부분 양성자인 수소 원자핵, 원시 핵융합으로 만들어진 헬륨 원자핵 그리고 전자들이 가득 채우고 있는 플라즈마 상태다.

온도를 가진 모든 물체는 빛을 낸다. 입사한 빛을 모두 흡수하는 이상적인 물체를 '흑체'black body라고 하는데 온도가 일정한 흑체는 '흑체복사'black body radiation라는 이름의 빛을 낸다. 흑체복사의 성질은 온도에 의해서만 결정되고, 특정한 온도에서 어떤 파장의 빛이 얼마만큼의 세기로 나오는지는 플랑크Planck 법칙으로 정확하게 계산이 된다.

이 당시의 우주도 온도를 가지고 있기 때문에 그 온도에 해당되는 빛을 낸다. 하지만 이때 나온 빛은 얼마 진행하지 못한다. 빛은 전기장과 자기장이 상호작용하여 만들어진 전자기파이기 때문에 전하를 가진 입자와 전기적으로 강하게 상호작용하는 성질이 있다. 당시의 우주는 +전하를 띤 수소와 헬륨 원자핵, -전하를 띤 전자로 가득 찬 플라즈마 상태였으므로 빛은 나아가지 못하고 이들 입자와 충돌하여 산란되어버린다. 이것은 짙은 안개가 낀 상태와 비슷하다. 빛이 수증기 입자와 충돌하여 산란되기 때문에 완전한 어둠은 아니지만 앞을 볼 수는 없는 상태라고 할 수 있다.

초기의 우주는 플라즈마 입자들과 빛이 서로 쉴 새 없이 충돌하는 혼돈의 시대였다. 이런 혼돈의 시대는 이후 약 38만 년 동안 계속되었다.

태초의 빛

38만 년 지속된 혼돈의 시대 동안 우주에 아무 일도 없었던 것은 아니다. 우주는 계속해서 팽창하고 있었고 그에 따라 온도는 점점 낮아졌다. 우주의 온도는 아주 단순한 법칙에 따라 낮아진다. 온도의 단위로 절대온도K를 사용하면 온도는 우주의 크기(길이)에 반비례하는 관계식을 가진다. 우주의 크기가 2배가 되면 온도는 절반이 되고, 우주의 크기가 10배가 되면 온도는 10분의 1로 떨어진다.

우주가 팽창하긴 했지만 전체적인 모습은 크게 달라지지 않았다. 수소와 헬륨 원자핵 그리고 전자로 이루어진 플라즈마가 우주를 가득 채우고 있고, 여전히 빛은 뿌연 안개 속을 빠져나오지 못하는 모습 그대로였다. 하지만 팽창을 계속하던 우주에 어느 순간 극적인 변화가 생겼다.

팽창하면서 우주의 온도는 계속 낮아져 태어난 지 38만 년이 지난 뒤에는 약 3000K가 되었다. 이 온도에서 일어난 극적인 변화는 그동안 독립적으로 움직이던 수소와 헬륨 원자핵이 전자와 결합하게 되었다는 것이다. 원자핵은 +전하를 가지고 전자는 -전하를 가지기 때문에 이들은 원래 결합하려는 성질이 있다. 하지만 높은 온도에서는 빛의 에너지가 너무 크기 때문에 결합했다가도 금방 빛과 충돌하여 부서져버리고 말았다. 그런데 온도가 3000K 정도로 떨어지자 빛의 에너지가 약해져 결합한 원자핵과 전자를 떼어놓을 수 없게 되어 안정적인 원자가 만들어지게 된 것이다.

원자핵과 전자들이 결합하자 단위 부피당 입자의 수가 순식간에 반으로 줄어들었다. 그리고 원자핵과 전자가 결합하여 만들어진 원자는 서로의 전하를 상쇄하여 전기적으로 중성이 되었다. 빛은 중성인 입자와는 상호작용을 잘 하지 않는다. 빛의 진행을 방해하던 장애물이 순식간에 사라진 것이다. 그동안 뿌연 안개에 싸여 있는 것과 같았던 우주가 갑자기 투명해지면서 드디어 빛이 자유롭게 이동할 수 있게 되었다. '태초의 빛'은 사실 우주가 태어난 지 38만 년 뒤에야 나타난 것이다.

우주를 연구할 때 놀라운 일은 우주 초기의 특정한 시점을 우리가 아주 정밀하게 관측할 수 있다는 사실이다. 이 시점은 우주 탄생 38만 년 후이고 우리가 정밀하게 관측할 수 있는 것이 바로 이 순간에 나타난 태초의 빛이다. 이 빛은 우리 우주 전체에 고르게 퍼져 있고 우주의 어느 방향에서든 볼 수 있다. 마치 우리 우주의 바탕처럼 보이기 때문에 이 빛을 우주배경복사라고 부른다. 영어로는 'Cosmic Background Radiation'으로 흔히 CBR이라는 약자로 쓴다.

우주배경복사가 처음 나왔을 때 우주의 온도는 3000K 정도였기 때문에 이때 우주배경복사의 파장은 약 0.001밀리미터였다. 그런데 그 이후 138억 년 동안 우주는 1천 배가량 커졌다. 우주의 팽창에 따라 우주배경복사의 파장도 1천 배 길어져서 현재 우주배경복사의 파장은 약 1밀리미터가 되었다. 이 파장은 초단파microwave에 해당하기 때문에 우주배경복사를 '우주초단파배경복사'Cosmic Microwave Background Radiation, CMBR라고 부르기도 한다.

우주의 크기가 1천 배가량 커졌기 때문에 우주의 온도는 1천 배 낮아져서 약 3K가 되었다. 이 온도가 바로 현재 우주 공간의 평균온도다. 우주의 온도는 절대영도가 아니라 그보다 3도 정도 높다. 빅뱅 우주론은 이 온도를 잘 설명하지만 정상 상태 우주론으로는 이 온도를 설명할 수가 없다.

우주 탄생 38만 년 만에 자유롭게 풀려난 우주배경복사는 그 이후 우리가 전파망원경으로 관측하기까지 138억 년 동안 물질과 아무런 상호작용을 하지 않았다. 우리가 관측하는 우주배경복사의 빛줄기 하나하나가 138억 년 동안 우주를 여행한 빛이라는 말이다. 38만 년은 우리 기준으로는 상당히 긴 시간이지만 우주의 나이 138억 년에 비하면 한순간이나 마찬가지다. 우리는 우주배경복사를 관측함으로써 우주가 막 태어난 직후의 모습을 볼 수 있는 것이다.

펜지어스와 윌슨이 우주배경복사를 발견하기까지 빅뱅 우주론을 주장하거나 그와 연관된 연구를 한 이들은 프리드먼, 르메트르, 가모프처럼 대부분 과학계의 변방에 있는 사람들이었다. 하지만 우주배경복사가 발견되자 많은 과학자들이 이를 뒷받침하거나 반박하기 위해서 우주론 연구에 뛰어들었다. 이어진 관측을 통해 우주배경복사가 빅뱅 우주론 모형과 잘 맞는다는 증거가 점점 더 많이 나왔고, 우주배경복사의 관측은 우주론을 연구하는 핵심 작업이 되었다. 그리고 과학 연구에서 흔히 있는 일처럼, 연구가 계속될수록 더 깊이 있는 이론과 더 정밀한 관측이 필요해졌다.

균일하지 않은 우주

우주배경복사 발견을 발표한 펜지어스와 윌슨의 1965년 논문 첫 문단에는 이런 내용이 포함되어 있다. "이 초과 온도는 우리의 관측 한계 내에서 모든 방향으로 똑같은 등방성을 가진다."(R08) 다른 방향에서 오는 우주배경복사는 초기 우주의 다른 영역에서 오는 것이므로, 모든 방향으로 우주배경복사가 똑같다는 것은 초기 우주의 상태가 모든 곳에서 유사함을 의미한다.

이것은 사실 다행스러운 일이다. 빅뱅 우주론은 우주가 균일하고 등방성을 가진다는 우주론의 원리를 가정하기 때문이다. 만일 펜지어스와 윌슨이 발견한 우주배경복사가 등방성을 가지지 않았다면 빅뱅 우주론을 지지하던 과학자들은 자신의 이론을 다시 검토해야만 했을 것이다.

그런데 우주배경복사가 등방성을 가진다는 것은 동시에 문제가 되기도 한다. 우리가 속해 있는 우리은하에는 약 1천억 개의 별이 있고, 우주에는 우리은하와 비슷한 은하가 약 1천억 개가 있다. 그리고 대부분의 은하는 이웃 은하들과 중력으로 묶여서 집단을 이루고 있다. 별과 은하는 물질들이 중력으로 뭉쳐져서 만들어진 것이다. 그런데 초기 우주의 상태가 모든 곳에서 완벽하게 똑같았다면 중력으로 뭉칠 이유가 없으므로 이런 별과 은하가 만들어질 수가 없다. 별과 은하가 만들어지기 위해서는 초기 우주의 상태가 모든 곳에서 완벽하게 똑같아서는 안 되고, 결과적으로 우주배경복사는 비등방성anisotropic을 가져야만 한다.

과학자들은 이것을 펜지어스와 윌슨이 우주배경복사를 발견한 직후에 바로 깨달았다. 우주배경복사가 비등방성을 가져야 한다면 펜지어스와 윌슨은 왜 발견하지 못했을까? 이 역시 앞에서 인용한 내용에 답이 있다. 그들이 발견한 우주배경복사는 '관측 한계 내에서' 등방성을 가졌다.

과학에서 어떤 측정값을 제시할 때는 측정한 기기의 정밀도를 반드시 함께 알려야 한다. 펜지어스와 윌슨이 사용한 전파망원경이 우주배경복사의 비등방성을 관측할 정도로 정밀하지 못하다면 그것을 발견하지 못한 것은 당연하다. 그들이 사용한 전파망원경으로는 우주배경복사의 방향에 따른 온도 차이가 1K 이내일 경우에는 발견할 수 없었다. 그런데 1960년대 후반에 과학자들은 중력으로 은하들이 만들어지기 위해서는 온도의 차이가 1퍼센트 이내여야 한다고 계산했다. 우주배경복사의 온도가 3K 정도이므로 100분의 1도의 온도 차이를 관측할 수 있어야 우주배경복사의 비등방성을 찾아낼 수 있는 것이다. 이는 펜지어스와 윌슨의 전파망원경뿐만 아니라 당시의 어떤 기기로도 만들어낼 수 없는 수준의 정밀도였다. 그리고 실제

온도 차이는 이보다 훨씬 더 작다. 당시에 우주배경복사의 비등방성을 발견하지 못한 것은 너무나 당연했다.

중력으로 은하들이 만들어지기 위해서 필요한 온도 차이를 발견하려다가 1970년대에 들어서면서 과학자들은 그것과는 다른 또 다른 형태의 비등방성이 우주배경복사에 존재할 수 있다는 사실을 깨달았다. 바로 지구의 움직임 때문에 생기는 우주배경복사의 비등방성이었다.

움직이는 물체에서 나오는 빛은 물체가 관측자 방향으로 다가가면 빛의 파장이 짧은 쪽으로 이동하는 청색이동이 일어나고 물체가 관측자에게서 멀어지면 빛의 파장이 긴 쪽으로 이동하는 적색이동이 일어난다. 앞서 언급했듯 이는 도플러이동이라고 하고 허블은 이것을 이용하여 우주가 팽창한다는 사실을 밝혔다. 그런데 이런 도플러이동이 우주배경복사에서도 나타날 수 있는 것이다.

우주배경복사는 모든 방향에서 똑같은 파장과 세기로 들어오지만, 관측자인 지구가 움직이면 움직이는 방향으로는 광원으로 다가가는 것과 같기 때문에 파장이 짧아지고, 움직이는 반대 방향으로는 광원에서 멀어지는 것과 같기 때문에 파장이 길어진다. 이렇게 만들어지는 비등방성은 지구가 움직이는 방향의 앞뒤 두 방향으로 생기기 때문에 '쌍극 비등방성'dipole anisotropy이라고 한다.

1970년대 초반 영국의 천문학자 데니스 스키아머와 미국 프린스턴대학에서 우주배경복사를 연구하던 피블스와 윌킨슨(1960년대에 로버트 디키와 함께 우주배경복사 최초 검출을 시도한 사람들)이 우주배경복사의 쌍극 비등방성으로 우주 공간에서 지구의 움직임을 측정할 수 있을 것이라고 제안했다. 지구가 태양의 주위를 공전하는 속도는 초속 30킬로미터로 당시 기술로는 관측하기 어려운 정도였다. 하지만 태양이 은하 속에서 움직이는 속도는 당시 초속 300킬로미터로 추정했기 때문에 관측이 가능할 것이라고 기대할 수 있었다.

1970년대 후반 윌킨슨은 풍선에 관측 기기를 실어 대기의 영향을 최대한 피해서 우주배경복사의 비등방성을 관측했다. 그는 쌍극 비등방성으로 볼 수 있는 현상을 발견했지만 매우 신중한 성격이었기 때문에 그 발견을 공식적으로 주장하지는 않았다. 그런데 그가 관측한 쌍극 비등방성은 태양이 은하 속에서 움직이는 방향과 반대 방향으로 나타났다. 마치 은하 전체가 특정한 방향으로 움직이고 있는 것 같았다.

우주배경복사의 쌍극 비등방성 발견을 최초로 공식 발표한 사람은 캘리포니아 버클리대학의 리처드 멀러와 조지 스무트였다. 그들은 U2 비행기를 이용하여 우주배경복사를 관측했다. 이는 1950년대에 이용되던 정찰용 비행기를 미국항공우주국NASA에서 과학 연구용으로 개조한 것이었다.

사용한 기기는 당시로는 가장 정밀했기 때문에 멀러와 스무트는 우주배경복사 관측을 통해 쌍극 비등방성뿐만 아니라 다른 이론도 확인할 수 있을 것이라고 생각했다. 이때는 우주가 팽창만 하는 것이 아니라 회전할 수도 있다는 이론과 모든 곳이 균일하게 팽창하지 않고 방향에 따라 팽창 속도가 다를 수 있다는 이론이 있었다. 이들 이론이 맞다면 우주배경복사의 또 다른 비등방성으로 나타날 수 있고, 이 기기는 그것을 확인할 수 있는 수준이었다.

결론적으로 멀러와 스무트는 우리 우주가 회전하고 있지 않고 방향에 따라 팽창 속도가 다르지도 않다는 사실을 확인했다. 그리고 목표로 했던 우주배경복사의 쌍극 비등방성도 확인했다. 이들이 쌍극 비등방성으로 측정한 지구의 속도는 태양이 은하 속에서 움직이는 속도로 예상한 초속 300킬로미터였지만, 윌킨슨의 결과와 마찬가지로 방향은 반대였다.

그들이 내릴 수 있는 유일한 결론은 우리은하 전체가 태양이 은하 속에서 움직이는 방향과 반대 방향으로, 초속 600킬로미터의 속도로 움직이고 있다는 것이었다. 실제로는 우리은하뿐만 아니라 우리은하와 안드로메다은하를 포함한 수십 개의 은하로 구성된 '국부은하군' 전체가 한 방향으로 움직이고 있다. 이는 은하들의 운동이 단지 우주의 팽창에만 영향을 받는 것이 아니라 주변 중력에 의해서도 영향을 받는다는 사실을 처음으로 밝힌 매우 중요한 발견이었다. 그리고 우주의 구조가 처음 예상했던 것만큼 단순하지 않음을 깨닫게 해주기도 했다.

하지만 이 당시까지 발견된 우주배경복사의 비등방성은 우주배경복사 자체에 존재하는 것이 아니라 우주 속 태양계의 움직임 때문에 생기는 비등방성이었다. 우주에 별과 은하가 만들어지기 위해서 반드시 존재해야만 하는 우주배경복사 자체의 비등방성은 아직 발견하지 못했다. 당시의 기술 수준은 이것을 발견하기에는 부족했다. 그리고 그 과정은 그렇게 쉽지 않았다.

인플레이션 이론의 등장

관측 천문학자들이 우주배경복사의 비등방성을 관측하기 위해 노력하는 동안 이론적인 부분에서 빅뱅 우주론의 문제점들이 나타나기 시작했다. 우주배경복사 발견에 큰 역할을 했던 로버트 디키는 1960년대 말에 빅뱅 우주론에 해결하기 어려운 문제가 있다고 지적했다. 바로 우리 우주가 지나치게 편평하다는 것이었다.

우리 우주의 전체 모양은 우주에 얼마만큼의 물질-에너지가 있느냐에 달려 있다. 우주의 물질-에너지 밀도가 어떤 특정한 값을 가지면 편평한 우주가 된다. 이 특정한 값을 '임계밀도'critical density라고 한다. 우주의 물질-에너지 밀도가 임계밀도보다 작다면 우리 우주는 공간이 바깥으로 휜 열린 우주가 되고, 우주의 물질-에너지 밀도가 임계밀도보다 크다면 우리 우주는 공처럼 공간이 안으로 휜 닫힌 우주가 된다. 이것을 좀 더 단순하게 표현하기 위해서 우주의 물질-에너지 밀도를 임계밀도로 나눈 값을 '밀도 변수'density parameter라고 부르고 그리스 문자 Ω로 표시한다. 즉 Ω가 1보다 작다면 열린 우주,

Ω가 1보다 크다면 닫힌 우주 그리고 Ω가 정확하게 1이 되면 편평한 우주가 되는 것이다.

우주에 얼마만큼의 물질-에너지가 있는지는 직접 측정해보면 된다. 당연히 쉬운 일이 아니다. 우주 전체에 있는 물질-에너지를 일일이 다 측정하는 것은 불가능하기 때문이다. 그렇지만 직접 측정을 해보지 않아도 우리 우주에 얼마만큼의 물질-에너지가 있는지 알 수 있다. 결론은 우리 우주의 물질-에너지 밀도는 임계밀도와 거의 정확하게 일치해야만 한다는 것이다. 즉 Ω가 거의 정확하게 1이 되어야 한다는 말이다.

우리 우주에는 은하와 별, 행성들 그리고 우리 자신이 존재한다는 사실이 바로 Ω가 거의 1에 가깝다는 증거다. 빅뱅 우주론 방정식을 보면 Ω가 1보다 작다면 우주가 진화하면서 Ω는 점점 더 작은 값이 되고, Ω가 1보다 크면 점점 큰 값이 된다. 두 경우 모두 우주가 너무나 불안정해져서 은하와 별, 행성들, 우리 자신이 존재할 수 없는 우주가 되는 것이다. Ω가 일정한 값을 가지는 유일한 방법은 정확하게 1이 되는 것이다.

우리 우주가 지금 같은 모습을 가지기 위해서는 Ω가 정확하게 1이 되든지 그렇지 않더라도 1에 아주 가까운 값이어야만 한다. 그러기 위해서는 빅뱅이 일어나고 1초가 지났을 때 우주의 밀도는 100조 분의 1 단위까지 세밀하게 조율되어 있어야만 했다. 그런데 Ω가 이런 값을 가져야 할 특별한 이유는 전혀 없다. 이 점이 해결하기 어려운 문제가 되는 것이다.

이는 마치 연필이 뾰족한 심 쪽으로 완벽하게 균형 잡힌 형태로서 있는 것과 같다. 과학자들은 연필이 왜 거꾸로 서게 되었는지 설명해야 한다. 원래부터 그렇게 서 있었다는 것은 과학적인 설명이 아니다. 우주가 설명할 수 없는 이유로 지나치게 편평하다는 문제를 '편평성의 문제'flatness problem라고 한다.

그런데 알고 보니 문제가 이것만이 아니었다. 우주배경복사는 빅뱅 우주론을 가장 강력하게 뒷받침하는 근거였다. 우주의 어느 곳이나 온도가 완벽하게 똑같다는 사실은 현재로서는 빅뱅 우주론이 아니고는 도저히 설명할 방법이 없다. 그런데 1970년대를 지나면서, 역설적이게도 바로 이 사실이 빅뱅 우주론에는 가장 큰 위협이 되어버렸다. 별과 은하가 만들어지기 위해서 미세한 온도 변화가 있어야 한다는 사실은 이 지점에서의 문제는 아니다. 이러한 미세한 온도 변화를 제외하고는 우주의 온도가 어느 곳이나 완벽하게 똑같다는 사실이 문제가 되는 것이다.

우주의 온도가 어느 곳이나 모두 똑같다는 사실이 왜 문제가 될까? 우리가 볼 수 있는 우주의 크기에는 한계가 있다. 우주가 태어난 후 빛이 이동한 거리만큼만 볼 수 있다. 우리가 볼 수 있는 우주의 경계를 '우주의 지평선'이라고 한다. 그런데 우주의 지평선의 반대편에 있는 두 지점은 서로를 볼 수가 없다. 만일 그 지점에 누군가가 있어서 우주를 관측한다면 그가 볼 수 있는 우주는 우리 방향으로는 우리가 있는 곳까지, 반대쪽으로도 그만큼의 범위가 된다. 우리 방향으로 우리보다 멀리 있는 곳은 그가 볼 수 있는 우주가 아닌 것이다. 그런데 우리는 서로 볼 수 없는 양쪽 지점을 모두 볼 수 있고, 그 지점의 온도는 똑같다.

서로에게 보이지 않는 우주의 온도가 똑같다는 사실이 문제가 되는 것이다. 그 두 지점은 우주가 탄생한 이래로 단 한 순간도 정보를 교환한 적이 없다. 그런데 두 지점의 온도가 똑같다는 것은 빅뱅 우주론만으로는 설명이 되지 않는다. 빅뱅 우주론에 의하면 우주의 온도가 똑같은 우주배경복사가 반드시 존재해야 하지만 우주배경복사의 온도가 우주 어디나 똑같다는 사실은 빅뱅 우주론만으로는 설명할 수 없는 역설적인 상황이 되는 것이다. 이것을 우주의 '지평선 문제'horizontal problem라고 한다.

이 문제를 해결한 사람은 MIT에서 입자물리학으로 박사학위를 받은 뒤 8년 동안 자리를 잡지 못하고 여러 연구소를 떠돌아다니던 앨런 구스다. 구스는 원래 천문학에는 별로 관심이 없었다. 그의 관심사는 '자기 홀극 문제'magnetic monopole problem를 해결하는 것이었다. 전기와 자기는 동일한 힘의 두 측면일 뿐이다. 그런데 전기는 양극과 음극이 독자적으로 존재할 수 있는 반면에 모든 자석은 N극과 S극이 항상 함께 존재한다. 자석을 아무리 작게 쪼개도 N극 또는 S극이 독자적으로 존재하는 자기 홀극이 만들어지지는 않는다. 그런데 당시까지 확립된 입자물리학 이론에 따르면 우주 초기에 다량의 자기 홀극이 존재해야만 했다. 그런데 자기 홀극을 찾으려는 시도는 지금까지 단 한 번도 성공한 적이 없다. 우주 초기에 있던 자기 홀극은 모두 어디로 갔을까?

1979년 구스는 이 문제를 해결할 기가 막힌 아이디어를 생각해냈다. 우주가 태어난 직후 아주 짧은 시간 동안에 급격한 팽창을 겪었다고 제안한 것이다. 우주는 짧은 시간에 엄청난 비율로 팽창했기 때문에 자기 홀극의 밀도도 순식간에 작아졌다. 자기 홀극이 발견되지 않는 이유는 자기 홀극이 없어서가 아니라 존재하지만 너무나도 넓은 우주에 흩어져 있어서 밀도가 몹시 낮기 때문이라는 것이다.

이는 인플레이션 이론이라고 불리는데 자기 홀극 문제뿐만 아니라 우주의 지평선 문제도 아주 간단하게 해결해준다. 우주가 순식간에 급격히 커져버렸기 때문에 우리가 볼 수 있는 우주는 전체 우주의 지극히 작은 일부에 지나지 않는다. 그렇다면 우리가 보는 우주는 이전에는 아주 작은 영역이어서 서로 정보를 교환할 수 있었기 때문에 온도가 똑같은 것이 당연한 결과가 된다.

인플레이션 이론은 우주의 편평성 문제도 간단하게 해결한다. 우주는 엄청난 크기로 팽창되었기 때문에 우리가 보는 우주는 편평할 수밖에 없다는 것이다. 우리는 지구가 둥글다는 사실을 잘 알지만 우리가 볼 수 있는 영역에서만 보면 거의 편평하다. 우주도 마찬가지다. 설사 우주 전체가 휘어져 있다고 해도 우리가 관측할 수 있는 공간은 전체 우주의 극히 일부분에 지나지 않기 때문에 편평한 공간으로 간주할 수 있는 것이다.

구스는 1980년 인플레이션 이론을 처음으로 발표하던 현장을 다음과 같이 회고했다. "저의 이론에서 잘못된 결과가 나올까 봐 몹시 걱정스러웠습니다. 무엇보다 두려웠던 건 제가 우주론의 초심자라는 사실이 적나라하게 드러나는 것이었지요." 하지만 구스의 걱정과 달리 그의 이론은 과학자들의 열광적인 환영을 받았다. 통일장 이론에 대한 연구로 1979년 스티븐 와인버그와 함께 노벨 물리학상을 수상한 셸든 글래쇼는 구스에게 "당신의 이론을 듣고 스티븐 와인버그가 노발대발했다"고 전해주었다. "스티븐이 내 이론에 반대한답니까?"라고 구스가 묻자 글래쇼는 이렇게 대답했다. "아뇨, 자신이 그 이론을 진작 생각해내지 못한 것에 화가 난 겁니다." 인플레이션 이론 발표 직후 구스는 최소한 7개 기관에서 교수 또는 연구원 자리를 제안받았다. 구스는 자신의 모교인 MIT를 선택했다.(R03)

그렇게 복잡한 문제들이 이렇게 간단한 아이디어로 한꺼번에 해결된다는 것은 정말 놀라운 일이다. 구스의 인플레이션 이론은 폴 슈타인하트와 안드레이 린데를 포함한 여러 천문학자들에 의해 더욱 정교하게 다듬어졌다.

이후 인플레이션 이론은 많은 과학자들의 연구에 의해 더욱 발전해 지금은 빅뱅 우주론과 함께 우주의 탄생과 진화를 설명하는 중요한 이론으로 자리 잡았다. 그래서 오늘날의 표준 우주론에는 빅뱅 이론과 함께 인플레이션 이론도 포함되어 있다.

인플레이션 이론은 빅뱅 우주론이 해결하지 못한 문제를 간단하게 해결함으로써 빅뱅 우주론을 위기에서 구했다. 그런데 인플레이션 이론의 성과는 여기서 끝난 것이 아니다. 우리 우주가 지금과 같은 모습을 가지게 된 이유를 설명할 때도 인플레이션 이론은 중요한 역할을 했다.

우주에 뿌려진 씨앗

지구의 운동 때문에 생기는 우주배경복사의 비등방성은 발견되었지만 천문학자들에게는 실제 은하와 별들을 만들어낸 밀도 차 때문에 생기는 미세한 온도의 차이를 발견하는 것이 더 중요한 목표였다. 초기 우주가 완벽하게 균일했다면 은하와 별들이 만들어질 수가 없기 때문에 반드시 여기저기에 다른 곳보다 밀도가 더 높은 곳이 있어야 한다. 그래야 그곳을 중심으로 물질들이 뭉쳐서 은하와 별들이 만들어질 수 있는 것이다.

그렇다면 우주 초기에 어떤 일이 벌어져서 다른 부분보다 밀도가 높은 곳이 만들어졌을까? 이 문제를 해결하는 데도 오랫동안 어려움을 겪었다. 빅뱅 우주론으로는 적당한 답을 찾을 수 없었기 때문이다. 여기에서도 인플레이션 이론이 해결사로 등장했다.

인플레이션 이론은 우리가 보는 우주가 인플레이션으로 급격히 팽창하기 전에는 서로 정보를 교환할 수 있을 정도로 아주 작았다는 가정으로 우주의 지평선 문제를 해결했다. 이때 우주의 크기는 원자보다 작았는데, 이렇게 작은 영역에서는 물질들이 우리에게 익숙한 방식으로 행동하지 않고 양자역학의 법칙을 따른다.

양자역학은 아인슈타인의 상대성이론이 나오던 20세기 초반에 등장한, 상대성이론과 함께 물리학에서 거대한 혁명과 같은 이론이다. 상대성이론이 큰 규모의 세계를 설명한다면 양자역학은 원자 크기나 그보다 작은 규모에서 일어나는 현상을 설명한다.

양자역학의 가장 대표적인 이론 중 하나는 1927년 독일의 물리학자 베르너 하이젠베르크가 발표한 불확정성의 원리라고 할 수 있다. 불확정성의 원리는 입자의 위치와 속도를 동시에 알 수 없다는 것이다. 이는 우리가 입자의 위치나 속도를 측정할 때만 나타나는 현상이 아니라 입자가 가지는 원래의 성질이다.

불확정성의 원리는 에너지와 시간 사이에서도 성립된다. 시간의 간격이 짧아지면 에너지의 변화가 커지는 것이다. 시간 간격이 아주 짧으면 에너지의 변화가 아주 커져서 결과적으로 공간에서는 우리가 관측할 수 없을 정도로 짧은 시간 동안 가상의 입자들이 나타났다 사라지는 현상이 반복적으로 일어나게 된다. 이 현상을 '양자 요동'quantum fluctuation이라고 한다.

인플레이션 직전의 우주에서는 불확정성의 원리에 의한 양자 요동이 일어나고 있었다. 그런데 순간적으로 인플레이션이 일어나면서 작은 규모의 양자 요동이 급격히 커져 우주 전체적인 규모의 요동이 되어버렸다. 이 요동이 밀도의 차이가 되었고 이 밀도 차 때문에 우리가 지금 보는 은하와 별들이 만들어지게 된 것이다. 결국 우리 우주의 현재 모습을 만든 씨앗은 우주의 탄생과 거의 동시에 뿌려진 것이었다. 양자 요동의 규모는 너무나 작기 때문에 인플레이션을 도입하지 않으면 양자 요동이 우주의 현재 모습을 만드는 씨앗이 되는 과정을 설명할 수가 없다.

인플레이션 이론으로 작은 양자 요동이 은하와 별을 만든 밀도 불균형으로 성장한 과정이 설명되었지만 1980년대 말까지 우주배경복사에서의 온도 변화는 이론적으로 예측한 수준에서 발견되지 않았다. 지구의 움직임 때문에 생기는 우주배경복사의 비등방싱은 발견되었지만 과학자들이 찾는 것은 우주배경복사 그 자체에 포함된 비등방성이었다.

온도의 차이가 이론적으로 예측한 수준에서 발견되지 않았다면 뭔가 문제가 있는 것이다. 과학자들은 지금 관측되는 은하와 별을 만들기 위해서는 우주 초기의 밀도 변화가 얼마나 되어야 하는지를 계산했다. 우주 초기의 밀도 변화에서 시작하여 우주에 있는 물질이 중력으로 뭉쳐서 은하와 별이 만들어지는 데 걸리는 시간을 계산하는 것이다. 그리고 그 정도의 밀도 변화가 있었다면 그것이 우주배경복사의 온도에 얼마만큼의 변화를 만드는지를 보았다.

그때까지의 계산에 따르면 우주 초기의 밀도 불균형이 별과 은하를 만들려면 우주배경복사의 온도 변화는 100분의 1 수준이 되어야 했다. 그런데 1980년대에는 이 정도 정밀한 수준의 관측이 가능했음에도 우주배경복사의 온도 변화는 발견되지 않았다. 그렇게 계산한 수준에서 온도 변화를 찾지 못했다는 것은 우주 초기의 밀도 변화가 과학자들이 예상했던 것보다 더 작았다는 말이 된다.

그런데 당시의 계산으로는 그렇게 작은 초기의 밀도 변화로는 현재의 우주와 같은 모습을 만들어낼 수가 없었다. 밀도 변화가 작으면 물질들이 중력에 의해 뭉치는 데 더 오래 걸리는데, 우주의 나이는 한계가 있기 때문에 무한정 시간을 줄 수 없다. 그런데 우주는 지금 분명히 존재하고 관측 결과는 분명 우주의 밀도 변화가 예상보다 작았다고 말하고 있다. 그렇다면 그 작은 밀도 변화에서 시작해 예상보다 더 빠른 속도로 은하와 별이 만들어졌어야만 했다.

은하와 별이 작은 밀도 변화에서 시작해 예상보다 더 빠른 속도로 만들어졌다면 중력에 의해 은하와 별이 만들어지는 과정을 설명하는 이론이 잘못되었거나 우주에는 우리가 미처 알지 못했던 물질이 더 있다는 결론을 내릴 수밖에 없다. 답은 후자였다. 신기하게도 우주에는 이것을 설명해줄 수 있는 신비한 물질이 존재했다.

스위스 출신의 천문학자 프리츠 츠비키는 20대 후반에 미국으로 이주해 칼텍에서 평생을 근무했다. 그는 가끔씩 갑자기 새롭게 나타나는 별들이 실제로는 태양 밝기의 1억 배가 넘을 정도로 엄청나게 밝은 별이라는 사실을 알아냈고 '초신성'supernova이라고 불렀다. 그리고 중성자가 발견된 지 2년 뒤인 1934년에 중성자로만 이루어진 별인 중성자별의 존재를 제안하기도 했다. 그가 예측한 중성자별은 30여 년이 지난 1967년에 영국 케임브리지대학의 앤터니 휴이시 교수와 그의 대학원생 조슬린 벨에 의해 처음 발견되었고, 휴이시는 이 공로로 1974년 노벨 물리학상을 수상했다.

1933년 츠비키는 코마 은하단Coma Cluster에 있는 은하들의 속도를 측정하여 그 은하들이 엄청나게 빠른 속도로 움직이고 있다는 사실을 발견했다. 그는 눈에 보이는 빛을 이용하여 코마 은하단 은하들의 전체 질량을 구하고 그 은하들이 가진 전체 중력을 계산했다. 츠비키는 코마 은하단에 있는 은하들이 움직이는 속도가 이 은하단의 중력이 붙잡을 수 있는 속도보다 훨씬 더 크다는 사실을 발견했다. 그렇다면 이 은하들은 모두 이 은하단의 중력을 벗어나 멀리 달아났어야만 했고 은하들이 모여 있는 은하단은 존재할 수가 없다. 그런데 은하단은 분명히 존재한다. 츠비키는 은하단 내에 은하 외에 우리 눈에 보이지 않는 물질이 많이 있다고 결론 내렸다. 그리고 '암흑물질'dark matter이라고 이름을 붙였다.

허블이 안드로메다은하가 우리은하 외부에 있는 또 다른 은하라는 사실을 밝힌 것이 겨우 9년 전인 1924년이었고, 우주의 팽창을 알아낸 것은 5년도 채 되지 않은 1929년이었다. 당시의 과학자들에게는 이 두 가지 놀라운 사실을 받아들이고 인정하는 것만도 엄청나게 벅찬 일이었을 것이다. 이런 상황에서 눈에 보이지 않고 중력만 가진 암흑물질이라는 이상한 물질에 관심을 가질 여유가 있었겠는가? 암흑물질에 대한 츠비키의 제안은 거의 아무에게도 알려지지 않은 채 잊혀갔다. 그리고 약 30년이 지난 뒤, 암흑물질이 천문학계에 다시 등장했다.

1962년 미국의 여성 천문학자 베라 루빈은 우리은하의 중심에서 2만5천 광년 이상 떨어져 있는 별들의 회전속도가 예상과 달리 줄어들지 않는다는 사실을 발견했다. 우리은하와 같은 나선은하의 별들은 대부분 '팽대부'라고 불리는 은하의 중심부에 모여 있기 때문에 질량도 대부분 중심부에 모여 있다고 생각할 수 있다. 그렇다면 별들의 회전속도는 은하의 중심에서 멀어질수록 줄어들어야 한다. 태양계를 생각하면 쉽게 이해할 수 있다. 전체 태양계 대부분의 질량은 태양계의 중심인 태양에 모여 있다. 태양의 주위를 도는 행성들은 태양에서 가까울수록 빠른 속도로 회전하고 멀수록 느리게 회전한다. 이것은 케플러가 처음으로 발견했기 때문에 케플러회전이라고 한다.

그런데 베라 루빈은 우리은하의 회전속도 곡선이 케플러회전에 따르지 않음을 발견한 것이다. 회전속도의 곡선이 케플러회전처럼 거리가 멀어지면서 줄어들지 않고 일정한 속도가 되면서 편평한 곡선이 되기 때문에 천문학자들은 이를 '편평한 회전속도 곡선'이라고 부른다. 편평한 회전속도 곡선은 은하의 질량이 중심부에 모여 있지 않고 거리가 증가하면서 함께 증가할 때 나타날 수 있는 현상이다. 그런데 눈에 보이는 은하의 질량은 대부분 은하의 중심부에 모여 있으므로 은하의 바깥쪽에 눈에 보이지 않는 질량이 있어야만 한다는 결론이 나온다. 이것이 바로 우리은하에 암흑물질이 존재한다는 증거가 되는 것이다.(R03)

1970년 베라 루빈은 안드로메다은하의 회전속도를 관측한 결과를 발표했다. 안드로메다은하 역시 우리은하와 마찬가지로 편평한 회전속도 곡선이었다. 1970년대에 루빈을 포함한 많은 천문학자들이 여러 나선은하의 회전속도를 관측했다. 그리고 그 결과는 예외 없이 모두 편평한 회전속도 곡선이었다. 1970년대 후반이 되었을 때는 암흑물질의 존재를 의심하는 천문학자는 거의 없게 되었다.

암흑물질은 전자기파를 방출하지 않기 때문에 관측되지 않고 중력 작용으로만 존재를 알 수 있다. 양성자와 중성자로 구성된 보통 물질과는 전혀 성질이 다르다. 암흑물질은 관측으로 분명히 존재하는 것이 확인되었을 뿐만 아니라 이론적으로도 존재 가능성이 예측된다. 입자물리학자들은 암흑물질의 가장 강력한 후보로 뉴트리노neutrino의 초대칭 입자인 뉴트랄리노neutralino를 제안한다.

입자물리학자들은 뉴트랄리노의 질량이 얼마인지, 현재 우주에 얼마나 많은 양의 뉴트랄리노가 살아남아 있을지 계산했는데 현재 우주에 남아 있어야 할 뉴트랄리노의 총질량은 우주에 있어야 할 암흑물질의 총질량과 거의 일치한다. 뉴트랄리노는 암흑물질을 설명하기 위해서 인위적으로 만들어낸 가상의 입자가 아니라 입자물리학에서 독립적으로 존재가 예측된다. 이렇게 별개의 두 이론에서 일치하는 결과가 나왔다면 정답일 가능성이 상당히 높다.

암흑물질을 포함시키면 우주 초기의 작은 밀도 변화로 지금과 같은 은하와 별이 만들어진 과정을 설명할 수 있다. 우주가 태어나고 1초 이내에 보통 물질인 양성자와 중성자가 만들어졌고, 은하와 별들이 만들어질 수 있는 밀도 불균형이 생겼지만 양성자와 중성자가 바로 중력으로 뭉쳐지기 시작한 것은 아니다.

이때의 우주는 대부분 양성자인 수소 원자핵, 원시 핵융합으로 만들어진 헬륨 원자핵 그리고 전자들이 가득 채운 플라즈마 상태다. 여기에 빛이 계속해서 이들 입자들과 충돌하여 산란되고 있다. 이 빛이 입자들이 중력으로 뭉쳐지는 것을 방해한다. 보통 물질들이 중력으로 뭉쳐지기 시작한 것은 38만 년 후 원자핵과 전자가 결합하고 태초의 빛인 우주배경복사가 빠져나간 뒤부터다.

그런데 암흑물질은 사정이 다르다. 암흑물질은 빛과 상호작용을 하지 않기 때문에 빛의 방해를 받지 않는다. 그래서 밀도 변화가 만들어진 직후부터 중력에 의해 뭉쳐지기 시작할 수 있었다. 그러니까 암흑물질은 보통 물질이 뭉쳐지기 전에 38만 년 동안 미리 뭉치기 시작해 우주 구조의 뼈대를 만들어놓은 것이다. 보통 물질은 암흑물질이 이미 만들어놓은 뼈대를 따라 뭉쳐지기 시작했으므로 암흑물질을 고려하면 그렇지 않을 때보다 훨씬 짧은 시간에 은하와 별을 만들 수 있게 된다. 우주배경복사의 온도 변화가 당시의 관측 기술로 발견되지 않을 정도로 작은 이유가 설명되는 것이다. 이론적으로 예측된 우주배경복사의 온도 변화는 약 10만 분의 1로 낮아졌다.

1980년대 후반의 관측 기술은 우주배경복사의 온도 변화가 평균 온도보다 1천 분의 1 정도가 된다면 발견할 수 있는 수준이었다. 하지만 우주배경복사의 온도 변화는 발견되지 않았으므로 이보다 더 정밀한 관측이 필요한 상황이었다. 만일 충분히 정밀한 관측임에도 우주배경복사의 온도 변화가 발견되지 않는다면 암흑물질로도 은하와 별이 만들어진 과정을 설명할 수 없다는 말이 된다. 그렇다면 지금까지 발전시켜온 우주론을 완전히 처음부터 새로 시작해야 하는 상황이 될 수도 있다. 우주배경복사의 비등방성을 발견하는 것은 우주론을 연구하는 과학자들에게 가장 중요한 과제가 되었다.

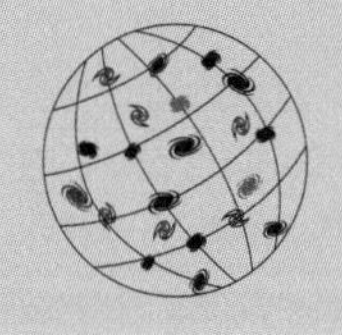

우주의 미세한 온도 차이를 찾아라

COBE

"당신이 만일 종교를 믿는다면 이 결과는 마치 신의 얼굴을 보는 것과 같습니다." COBE의 활약으로 우주배경복사가 우주 탄생 직후에 일어난 사건을 그대로 보여준다는 사실을 알게 되었다.

모래사장에서 바늘 찾기

우주배경복사의 온도는 너무나 균일하다. 우리 주변에서 볼 수 있는 가장 매끈한 표면과 비교해도 우주배경복사가 훨씬 더 균일하다. 우주배경복사의 온도는 절대영도보다 겨우 3도 높고, 이론적으로 예측된 온도 변화는 약 10만 분의 1 수준이다. 모래사장에서 바늘 찾기보다 더 어려운 관측을 위해서는 상상을 초월하는 정밀한 방법이 필요하다.

이렇게 작은 우주배경복사의 온도 변화를 관측하기 위해서는 모든 잡음을 완벽하게 제거해야 한다. 잡음의 가장 큰 원인은 바로 우리 지구의 대기다. 우주배경복사는 파장 약 1밀리미터의 초단파로 관측되는데 지구의 대기에 포함된 수증기와 산소가 이와 아주 비슷한 파장의 초단파를 방출하기 때문이다. 지구의 표면은 우주배경복사보다 온도가 높기 때문에 상대적으로 파장이 짧은 전자기파인 적외선을 주로 방출하지만 초단파도 함께 방출한다.

하늘에도 우주배경복사 관측을 방해하는 천체가 많다. 그중에서도 우리은하가 가장 큰 방해가 된다. 우리은하의 별들도 문제지만 은하 평면의 많은 먼지가 더 큰 문제가 된다. 먼지들은 별에서 나오는 빛을 흡수했다가 긴 파장으로 방출하기 때문에 초단파 관측에는 별보다 더 큰 방해가 되는 것이다. 우리은하의 자기장에 의해 전자가 가속되면서 방출하는 초단파도 있다. 그래서 우리은하 평면 쪽의 우주배경복사를 관측하는 것이 가장 어려운 문제가 된다.(R11)

우리은하가 아닌 다른 은하에서도 전자기파가 방출되고, 우주배경복사를 관측하는 기기 자체에서도 잡음이 생긴다. 이 모든 문제를 해결하면서 10만 분의 1 수준의 우주배경복사의 비등방성을 관측하기 위해서는 매우 복잡하고 정밀한 기기가 필요할 수밖에 없다. 그리고 가장 큰 장애물인 지구의 대기를 피하여 장시간 관측을 하기 위해서는 우주망원경이 필수적이다.

1970년대 초반부터 우주배경복사를 관측하기에 가장 좋은 곳은 우주 공간이라는 생각이 천문학자들 사이에 널리 퍼져 있었다. 그리고 마침 이 시기에 소련과의 유인 달 탐사 경쟁에서 승리한 NASA는 예산을 계속 유지하기 위해서 새로운 과제들을 개발해야 했다. 그중 하나가 과학자들로부터 인공위성에 탑재하여 할 수 있는 연구와 기기를 제안받기로 한 것이었다. NASA는 기껏해야 몇 개를 예상했지만 1974년 가을까지 모두 121개의 제안서가 제출되었다.(R07)

그중 이 사업의 실무자인 낸시 보게스의 관심을 끈 것은 세 팀이 제안한 우주배경복사 관측 계획이었다. 낸시 보게스는 NASA의 다른 관리자들과는 달리 수학과 천문학을 공부한 과학자였다. 보게스는 하버드와 미시건대학원에서 입학 허가를 받았고 미시건에서 천문학으로 박사학위를 받았다. 1968년에 미국 천문학회에서 보게스의 강연을 듣고 깊은 인상을 받은 NASA의 과학 담당자는 보게스에게 NASA의 연구비로 진행되는 연구를 관리하는 자리를 제안했다. 낸시 보게스는 아이들과 충분한 시간을 보낼 수 있는 좋은 기회를 놓치지 않았다.

자신의 전문 분야 덕분에 낸시 보게스는 이 사업에서 중요한 실무를 맡게 되었다. 하지만 국가 과학 아카데미National Academy of Science, NSA에서 NASA에 권유한 것은 적외선을 이용한 전 하늘 관측이었다. 적외선 우주망원경 계획은 네덜란드와 영국에서도 적극적으로 추진하고 있었기 때문에 NASA로서는 국제 협력을 통해 비용을 줄이고 예산 확보의 가능성을 높일 좋은 주제였다. 아무래도 국제 협력으로 진행되는 사업을 중간에 포기하기에는 부담이 더 클 것이기 때문이다. 그리고 적외선 기술은 군사적인 실용성이 있다는 사실도 선택에서 중요한 역할을 했다.

이렇게 해서 선정된 과제가 최초의 적외선 전 하늘 관측 위성인 IRASInfrared Astronomical Satellite였다. IRAS는 1983년 1월에 발사되어 10개월 동안 활동하면서 약 35만 개의 적외선 광원을 발견했다. 여기에는 수많은 새로운 별과 별이 만들어지고 있는 은하, 행성들이 만들어지고 있는 것으로 보이는 별 주변의 원반이 포함되었으며, 처음으로 우리은하의 중심부를 적외선으로 촬영하는 등 엄청난 성공을 거두었다.

낸시 보게스는 처음에는 IRAS에 우주배경복사를 관측하는 기기를 추가하는 방법을 시도했지만 성공하지 못했다. 하지만 우주배경복사 관측이 우주의 탄생과 진화를 이해하는 데 중요한 역할을 할 것이라고 확신한 낸시 보게스는 NASA의 천체물리학 분과의 책임자인 프랭클린 마틴을 설득해 우주배경복사 관측 위성을 개발할 초기 비용을 받아내는 데 성공했다. 그러고는 우주배경복사 관측을 제안했던 세 팀을 모아 하나의 새로운 팀으로 만드는 일을 시작했다.(R07)

세 팀 중 첫 번째는 1960년대부터 우주배경복사 관측에 가장 선두에 서 있던 데이비드 윌킨슨과 고다드 우주 연구소Goddard Institute for Space Studies의 존 매더와 마이크 하우저, MIT의 라이너 바이스로 구성된 팀이었다. 라이너 바이스는 NASA의 자문 과학자로 낸시 보게스가 우주배경복사 관측에 관심을 가지도록 이끈 사람이고, 존 매더는 이 팀의 구성을 처음 제안한 사람이며, 마이크 하우저는 낸시 보게스와 함께 프랭클린 마틴을 설득한 사람으로 가장 핵심적인 팀이라고 할 수 있었다.

두 번째 팀은 입자물리학 연구로 1968년 노벨 물리학상을 수상한 루이스 앨버레즈를 책임자로 하고 나중에 우주배경복사의 쌍극 비등방성을 처음으로 발견한 리처드 멀러와 조지 스무트를 중심으로 한 버클리대학의 로렌스 버클리 연구실Lawrence Berkeley Laboratory, LBL 팀이었다.

또 한 팀은 제트 추진 연구소Jet Propulsion Laboratory, JPL의 사무엘 굴키스와 마이클 잔센이 중심이 된 팀이었다. 이들은 님버스Nimbus라는 기상위성에 초단파 관측 기기를 탑재하는 일을 해본 경험이 있었다.

1976년 낸시 보게스는 데이비드 윌킨슨, 존 매더, 마이크 하우저, 라이너 바이스, 사무엘 굴키스와 함께 자신을 포함한 6명으로 새로운 팀을 구성해 모래사장에서 바늘 찾기보다 더 어려운, 우주배경복사의 미세한 온도 변화를 찾기 위한 긴 여정을 시작했다.

긴 여정의 시작

1976년 6월, 박사 후 연구원을 끝내고 고다드 우주 비행 센터 Goddard Space Flight Center의 정규직이 된 존 매더와 그를 고용한 마이크 하우저는 아직 확정되지도 않은 우주배경복사 관측 위성의 이름을 지어보았다. 대형 프로젝트는 이름도 아주 중요한 역할을 한다. 전체 이름과 약자로 된 이름 모두가 중요한데, 프로젝트의 내용이 포함되어 있으면서 쉽게 기억할 수 있고, 특히 약자 이름이 중의적인 의미를 가질 때 더 좋은 효과가 있다. 현재 중요한 우주망원경들에는 유명한 천문학자들의 이름을 붙이는 경우가 흔한데 준비 단계에서는 다른 것일 경우가 많다. 특히 이 프로젝트처럼 확정을 위해서 홍보와 지지가 필요한 경우에는 이름이 더욱 중요하다.

고민하던 그들은 COBE Cosmic Background Explorer라는 이름을 만들어냈다. 보통 약자 이름은 단어들의 첫 글자만 따는 경우가 많았는데, 이들은 첫 단어의 두 글자인 C와 O을 모두 약자 이름에 써서 발음하기 쉽게 만들었다. 이 이름이 자신들의 목적을 잘 전달할 뿐만 아니라 사람들의 주의를 끌기도 좋다고 생각했다. 그리고 효과는 바로 나타났다.

우주배경복사 관측 위성을 추진하는 새로운 팀이 구성되는 도중에 그들은 COBE 뉴스레터를 만들기로 했다. 존 매더가 주축이 되어 만든 뉴스레터에는 새로운 과학적 발견에 대한 목표와 희망이 주로 담겨 있었다. 이 첫 번째 뉴스레터는 마지막 뉴스레터가 되긴 했지만, 그들의 일에 관심을 가진 대과학자 덕분에 사람들 사이에 COBE 프로젝트가 진행되고 있다는 사실을 알리는 데 크게 성공했다.

전자기력과 약한 핵력을 통합한 업적으로 1979년 노벨 물리학상을 수상한 스티븐 와인버그는 당시 아직 노벨상을 수상하지는 않았지만 이미 위대한 과학자로 인정받고 있었다. 그는 일반 대중들에게 빅뱅 우주론을 소개하는 책을 준비하던 도중에 이 뉴스레터를 받았고 그 내용을 자신의 책에 소개했다.

1977년에 출판된 스티븐 와인버그의 책 『최초의 3분: 우주의 기원에 대한 현대의 관점The First Three Minutes: A Modern View of the Origin of the Universe』은 엄청난 성공을 거두었고, COBE 팀은 자신들의 프로젝트가 소개된 부분을 표시한 책을 NASA의 주요 인물들에게 열심히 보냈다.(R07)

스티븐 와인버그의 이 책은 1981년에 "처음 3분간"이라는 제목으로 우리나라에도 번역되었고, 마침 가지고 있던 1994년 8쇄본에서 그 부분을 찾아냈다.

이 책의 마지막 교정이 행해지고 있을 때 나는 NASA의 존 매더로부터 우주배경탐사 인공위성 소식 1호를 받았다. 여기에는 MIT의 라이너 바이스 이하 여섯 사람의 과학자들이 외계로부터 적외선 및 초단파 배경복사의 측정 가능성을 연구하기로 지정되었다고 발표되었다. 성공을 빈다.(R12)

1994년은 COBE가 이미 발사되어 첫 번째 결과가 나온 지도 한참 지났지만 이 책에는 그런 내용이 전혀 포함되어 있지 않다. 우리나라에서는 이때만 해도, 특히 대중 과학 분야에 새로운 발견에 대한 내용이 그렇게 빨리 알려지진 않았던 것 같다. 더구나 와인버그의 책은 1993년에 이미 2판이 출판되었고 여기에는 COBE의 주요 결과가 자세히 소개되어 있다.

이 2판은 우리나라에서는 2005년에 "최초의 3분"이라는 제목으로 출간되었는데, 여기에는 「초판 1997년 이후 우주론의 발전 – COBE, 암흑물질, 진공에너지 그리고 인플레이션」이라는 2판 후기에 그 사이에 이루어진 성과에 대한 내용이 나온다.(R13)

낸시 보게스가 주재한 COBE 팀의 첫 번째 모임은 1976년 6월 28일 고다드 우주 비행 센터에서 열렸다. 이제 공식적으로 COBE라고 불리게 된 우주배경복사 관측 위성은 스티븐 와인버그가 자신의 책에서 말했듯이 아직 확정된 것이 아니라 '가능성을 연구하기로 지정'되었을 뿐이었다. NASA는 1977년에 IRAS의 다음 임무가 될 과제를 선정할 예정이었다. 여기에 선택되기 위해서는 COBE가 훌륭한 과학적, 기술적 연구 주제이며 비용도 적절하다는 것을 증명해야만 했다. 보고서는 1977년 2월 1일까지였고 준비해야 할 내용은 너무나 많았다. 그리고 다른 경쟁 과제들에 비해 후순위로 밀려 있는 상태이기도 했다. 적외선 우주망원경인 IRAS에 이어 X선 우주망원경과 자외선 우주망원경이 우선순위로 거론되고 있었다. 역시 스티븐 와인버그의 말대로 행운이 필요한 상황이었다.

가장 중요한 것은 당시의 기술 수준에 맞는 기기로 어떤 과학적 성과를 거둘 수 있는가였다. COBE 팀은 최첨단 기술을 모두 조사하여 3개의 관측 기기를 위성에 탑재하기로 결정했다.

다음 문제는 누가 각 프로젝트의 책임자가 되는가였다. 라이너 바이스가 총책임자가 되었고, 적외선으로 적색이동이 된 빅뱅 직후 우주 초기에 만들어진 별에서 나온 빛을 관측하는 분산된 적외선 배경복사 관측기Diffuse Infrared Radiation Background Experiment, DIRBE는 마이크 하우저가 책임을 맡기로 했으며, 우주배경복사가 실제로 흑체복사와 같은지를 밝혀낼 원적외선 절대 분광기Far Infrared Absolute Spectrometer, FIRAS는 존 매더가 담당하기로 했다.

남은 하나는 우주배경복사의 비등방성을 관측할 초단파 차이 측정기Differential Microwave Radiometer, DMR로 어쩌면 COBE에서 가장 중요한 기기라고 할 수 있을 것이다. 여기에는 두말할 것도 없이 가장 오랫동안 우주배경복사를 연구해왔고 배경 이론과 기기 제작 모두에 능한 데이비드 윌킨슨이 최고의 적임자였다. 하지만 윌킨슨은 COBE와 같은 대규모 프로젝트보다는 자신이 직접 기기 제작과 연구에 참여할 수 있는 소규모 프로젝트를 선호했다. 사실 NASA의 복잡한 절차와 수많은 회의를 별로 좋아하지 않았던 윌킨슨은 처음부터 이 프로젝트에 참여하는 것을 달가워하지 않았다.

다음 후보는 사무엘 굴키스와 조지 스무트였다. 그런데 사무엘 굴키스는 자신이 일하고 있는 제트 추진 연구소에서 기기를 제작해야 임무를 맡을 수 있다고 했다. 제트 추진 연구소는 기술력은 뛰어나지만 비용이 많이 든다는 평가를 받기도 한다. 하지만 NASA가 소유한 고다드 우주 비행 센터에서 제작한다면 인건비를 별도 비용으로 책정하지 않을 수 있어 비용을 크게 줄이는 효과를 얻을 수 있었다. COBE 팀으로서는 과학적인 필요성을 강조하는 것 못지않게 비용 절감도 중요한 문제였다. 그래서 DMR의 책임자는 조지 스무트가 되었다.(R07)

400쪽에 달하는 보고서가 마감일에 성공적으로 제출되었다. 라이너 바이스의 훌륭한 발표와 낸시 보게스의 보이지 않는 노력으로 COBE는 다른 팀들을 제치고 첫 번째 후보로 선정되었다. 그리고 얼마 후 COBE에 대한 예산 지원이 정식으로 확정되었다. 예산은 3천만 달러였다. COBE 팀 판단으로는 충분한 예산이었다.

우주 공간에서 정밀한 관측을 수행할 3개의 기기를 제작하는 것은 당연히 만만한 일이 아니다. 필요한 전문 분야는 한두 가지가 아니고 COBE 팀 구성원은 점점 늘어갔다. 실력과 재능을 갖춘 과학자들을 팀원으로 끌어들이는 것은 프로젝트의 성공을 위해서 중요한 일이었다. 그러나 COBE 프로젝트의 위기는 다른 곳에서 찾아왔다.

예산이 확정되었다고 해서 프로젝트 자체가 확실하게 진행된다는 의미는 아니다. 기기를 제작하기 시작하는 '확실한 시작'Hard Start

이전에는 언제라도 취소될 수 있었다. 이런 상황에서 가장 먼저 선정이 되어 이미 기기를 제작하던 IRAS에서 나쁜 소식이 들려왔다.

IRAS는 적외선을 관측하는 기기인데, 적외선 관측에서 가장 중요한 일은 기기의 온도를 낮추는 것이다. 온도를 충분히 낮추지 않으면 기기 자체에서 나오는 적외선으로 인해 잡음이 너무 심해지기 때문이다. IRAS에서의 나쁜 소식은 바로 온도를 낮추는 냉각장치 개발에 문제가 생겼다는 것이었다. 이는 바로 COBE의 문제일 수밖에 없었다. COBE는 IRAS에서 개발된 냉각장치와 같은 방식을 사용할 예정이었기 때문이다.

더 큰 문제는 적외선과 관련된 기술은 군사기술과 밀접하게 연관되어 대부분 비밀로 분류되어 있다는 것이었다. COBE 팀으로서는 문제를 해결하기는커녕 그 문제가 무엇인지조차도 알 수가 없었다.

COBE보다 우선순위로 거론되다가 밀린 X선 관측 위성 팀은 COBE가 IRAS처럼 기술이 너무 복잡하고 비용도 많이 드는 프로젝트이므로 자신들의 과제를 먼저 진행해야 한다고 주장했다. COBE가 살아나기 위해서는 IRAS가 먼저 살아나야 했다. 이런 위기 상황에서 다시 한 번 빛난 것은 낸시 보게스의 설득력과 추진력이었다.

낸시 보게스는 NASA의 책임자 제임스 벡스를 직접 찾아가 진행 상황을 설명하고 이 사업을 계속 추진해야 한다고 주장했다. 벡스는 계획된 예산을 초과한 IRAS의 문제를 해결하기 위해서 추가 금액을 지원하는 데 동의했다.

낸시 보게스의 상사이자 NASA 천체물리 분과의 책임자인 프랭클린 마틴 역시 분명한 신념을 가진 사람이었다. 우주탐사 예산을 삭감하라는 NASA 지도부의 요구에 그는 얼마든지 그렇게 하겠다고 대답했다. 대신 NASA가 우주 탄생에 대한 인류의 지식을 확장하는 데 기여하는 훌륭한 기관이 되는 것 역시 포기해야 한다고 말했다. "COBE야말로 우주탐사의 모든 것입니다."

1981년 10월 제임스 벡스는 낸시 보게스를 사무실로 불러 편지를 한 통 건네주었다. COBE 팀이 다음 해부터 기기 제작에 착수해야 한다는 명령서였다.(R07) COBE는 서부 캘리포니아 지역에서 우주왕복선에 실려 발사될 것이고, 발사 날짜는 추후 정해질 예정이었다. 낸시 보게스 덕분에 IRAS뿐만 아니라 COBE까지 위기를 벗어나게 되었다.

COBE를 우주로

IRAS는 1983년 1월 델타 로켓에 실려 성공적으로 발사되었다. COBE는 1981년부터 운행을 시작한 우주왕복선에 실려 1989년에 발사될 예정이었다. 그런데 COBE의 제작이 한참 진행되던 1986년 1월 28일, 7명의 승무원을 태운 우주왕복선 챌린저호가 발사 73초 만에 공중에서 폭발하여 전원이 사망하는 참사가 일어났다. 승무원 중에는 NASA에 의해 첫 우주 교사를 뽑는 전국적인 경쟁에서 1만1천 대 1의 경쟁을 뚫고 선발된 고등학교 교사 크리스타 맥컬리피가 포함되어 있었다. 맥컬리피는 전 세계 학생들을 상대로 역사상 처음으로 우주에서 강의를 할 예정이었고, NASA는 이 계획을 대대적으로 홍보하여 수백만 명이 챌린저호의 발사 과정을 생중계로 지켜보고 있었다.

미국은 대통령 직속 조사위원회를 만들어 사고의 원인을 철저하게 조사했다. 조사위원회 위원장은 저명한 물리학자인 리처드 파인만이 맡았다. 사고의 원인을 과학적으로 조사하기 위해서 과학자가 책임자가 되는 당연한 일이 부럽다. 사고의 원인은 1월 아침의 추위로 인해 이음새 사이의 틈을 메운 고무링들이 굳어 가스가 새어나왔기 때문이었다.

끔찍한 참사를 눈앞에서 지켜본 미국인들의 충격은 엄청났고 NASA의 명성은 큰 타격을 입었다. 우주왕복선 발사 계획은 전면 중단되었으며 NASA와 관련된 일을 하던 많은 사람들이 혼란에 빠졌다. IRAS와 COBE의 수호신 역할을 했던 낸시 보게스가 NASA를 떠날 생각을 하게 된 것은 그때쯤이었다.

낸시 보게스가 결심을 하게 된 데는 다른 이유도 있었다. COBE 계획이 최종 승인될 당시의 NASA 책임자였던 제임스 벡스는 과학에 대해 매우 호의적이었고 직원들과의 소통도 잘 이루어져 훌륭한 관리자로 인정받았다. 그런데 벡스는 NASA에 오기 전에 일했던 항공 우주 관련 회사에서의 사기 계약 혐의로 기소되었고 1985년 12월에 사임했다. 이후 이 기소는 무혐의로 판명 났고 미국 법무장관이 벡스에게 사과했다. 이 일은 벡스가 NASA에서 군사적인 프로젝트를 수행하는 것을 지속적으로 거부했기 때문에 생긴 사건이라는 소문이 돌았다.(R07)

믿고 따르던 훌륭한 상사의 사임과 큰 사고의 충격을 견디기 힘들었던 낸시 보게스는 NASA를 떠나 자신의 전공 분야였던 천문학 연구로 다시 돌아가기를 원했다. 보게스는 고다드 우주 연구소로 자리를 옮겨 COBE 프로젝트에서 존 매더가 진행하던 분야의 자료 분석 관리를 맡았다. COBE 프로젝트의 전체 관리자였던 사람이 한 분야의 연구원이 된 것이었다.

챌린저호 사고의 심각성을 직감한 COBE 팀의 과학자들은 급히 대책을 마련하기 시작했다. 당분간 우주왕복선 이용은 불가능할 것이 분명했다. COBE를 우주로 보내기 위해서는 다른 로켓을 찾아야만 했다. 우주왕복선을 사용할 수 없는 상황이어서 경쟁은 치열했다. 당시 고려할 수 있는 로켓으로는 타이탄 34D7과 델타 로켓이 있었는데, 타이탄 34D7은 비용이 너무 많이 들었고 델타 로켓은 COBE를 싣기에 너무 작았다.

유일한 현실적인 대안은 COBE의 크기와 무게를 줄이는 것뿐이었다. COBE 팀은 델타 로켓에 실을 수 있도록 COBE를 새롭게 디자인하는 것을 제안했다. NASA에서는 대중들의 신뢰를 회복하기 위해서 수준 높은 과학 위성을 최대한 빨리 쏘아 올리는 일이 필요했다. COBE 팀은 36개월이 필요했지만 NASA에서는 24개월을 원했다. 결국 NASA는 COBE를 29개월 안에 새롭게 디자인하여 1989년 2월에 델타 로켓에 실어 발사하기로 결정했다.

COBE는 이제 NASA의 가장 중요한 프로젝트 중 하나가 되었다. 1987년 초 NASA의 책임자 제임스 플레처는 고다드 우주 연구소를 방문해서 살펴본 뒤 COBE가 NASA의 명예 회복을 상징하는 핵심이 될 것이라는 보도 자료를 발표했다. COBE 팀은 휴일도 없이 일해 COBE의 무게를 4805킬로그램에서 2190킬로그램으로, 지름을 4.6미터에서 2.4미터로 줄였다.(R07) 관측 기기 3개의 크기와 무게는 거의 변화가 없었고, 무게를 줄인 것은 대부분 전기 장치와 파워 시스템에서 이루어졌다. 냉각기 안에 설치되는 FIRAS와 DIRBE는 바꿀 필요가 없었지만 밖에 설치할 DMR은 설계부터 다시 해야만 했다.

3개의 기기를 만드는 팀, 각각의 기기들에 대한 소프트웨어를 만드는 팀, 기기들을 설치할 본체를 만드는 팀, 프로젝트 관리 팀, 외부 계약자, 연관된 과학 연구를 수행하는 대학을 포함하여 COBE에 관련된 사람의 수는 1600명이 넘었다. 일정은 연기되었고 비용은 계속 늘어났다. 의회와 NASA 관리자들이 기대와 우려를 하며 COBE를 주시했다. 만일 실패한다면 많은 사람들이 일자리를 잃을 각오를 해야 할 상황이었다.

1989년 7월로 예정된 발사를 앞두고 수행한 테스트에서 FIRAS의 주요 장치 하나가 제대로 작동하지 않았다. 수리하는 데 3개월이 필요했고 300만 달러의 비용이 추가로 들어갔다. 발사 일정은 11월로 연기되었다. 부실한 커뮤니케이션과 의사 결정으로 발생한 챌린저호에서 얻은 교훈은 있었다. 발사 전에 문제를 발견한 것을 다행으로 여긴다는 점이었다.

COBE가 완성되어 발사 장소로 옮겨지기 직전, 과학자들은 마지막 테스트가 꼭 필요하다고 주장했다. 위성은 발사되는 순간부터 레이더의 추적을 받게 된다. 레이더 역시 전파를 이용하기 때문에 관측 기기에 영향을 줄 수 있다고 생각한 것이다. COBE는 마지막으로 테스트 상자에 들어가 레이더 신호의 폭격을 받았다. 다행히 3개의 관측 기기는 테스트를 무사히 통과했지만, 위성의 방향을 항상 지구 반대편으로 향하게 하는 센서가 제대로 작동하지 않았다. 만일 이대로 궤도에 올라갔더라면 레이더 신호를 받는 순간 위성이 방향을 잃고 제어가 되지 않을 뻔했던 것이다.

이 센서는 적외선 신호를 이용하여 방향을 잡도록 되어 있었다.

센서의 제조사에서는 레이더 신호에 영향을 받지 않을 것이라고 했지만 그렇지 않았고, 다시 만들 시간이 없었기 때문에 직접 수리를 해야 했다. COBE의 기술진은 도체로 둘러싸인 곳에서는 절연이 된다는 원리를 이용하여 센서를 얇은 전선으로 만든 새장처럼 생긴 우리에 넣었다. 센서의 적외선 신호는 전선 사이를 통과시키고 파장이 긴 레이더 신호는 차단한다는 계획이었다. 이 방법은 멋지게 성공하여 COBE를 괴롭힐 수 있었던 잠재적인 마지막 위험이 해결되었다.

1989년 10월 COBE는 드디어 동부 메릴랜드의 고다드 우주 비행 센터를 떠나 발사 장소인 서부 캘리포니아로 이동되었다. 그런데 발사 현장에서 최종 테스트를 진행하던 10월 17일, 진도 7.1의 지진이 캘리포니아를 강타했다. 진동에 민감한 COBE의 관측 기기들이 영향을 받았을지도 모른다고 생각한 사람들은 테스트를 진행하던 담당자를 찾았다. 그런데 하필이면 그날 오후에 담당자가 또 다른 기술자인 여자 친구와 함께 휴가를 낸 상태였다.

특히 걱정스러운 것은 적외선을 주로 관측하는 FIRAS였다. FIRAS가 파장이 긴 적외선을 측정하는 방법은 적외선의 에너지를 흡수하여 열로 바꾼 다음 그 열을 측정하는 것이었다. 그러므로 아주 작은 온도 변화에도 매우 민감하게 반응하는 기기일 수밖에 없었다. 만일 지진이 일어나는 순간 FIRAS를 테스트하고 있었다면 진동으로 인해 발생한 열 때문에 FIRAS는 완전히 망가지고 말았을 것이다.

그날 오후 늦게야 나타난 두 사람에게 사람들은 도대체 어디에 있었느냐고 물었다. 두 사람은 막 결혼식을 마치고 돌아온 것이었다. 사람들은 안도와 함께 진심 어린 축하를 해주었다. 그 일이 아니었다면 그들은 지진이 일어나는 순간 FIRAS를 테스트하고 있었을지도 모른다. 만일 그랬다면 COBE의 발사는 다시 최소 6개월 이상 연기될 수밖에 없었을 것이다. 일이 잘 이루어지기 위해서는 운도 반드시 필요하다.

1974년 첫 제안서를 제출하고 15년이 지난 1989년 11월 18일, COBE는 반덴버그 공군기지에서 델타 로켓에 실려 우주로 발사되어 인공위성이 되었다. 고도는 900킬로미터, 남북 방향으로 원운동에 가까운 궤도로 지구를 103분에 한 바퀴씩 돌았다. 성공적인 발사로 COBE 기술 팀의 임무는 거의 마무리되었다. 하지만 과학 팀의 임무는 이제 막 시작된 것이었다. 4억 달러에 달하는 비용이 제대로 쓰였다는 것을 증명해야만 했다.

첫 번째 결과

COBE 팀이 COBE를 우주로 보내기 위해서 전력을 다하는 동안에도 우주배경복사에 대한 연구는 계속 진행되고 있었다. 우주배경복사가 별과 은하의 씨앗이 되는 비등방성을 가지고 있는가 하는 문제 못지않게 관심을 끌었던 것은 우주배경복사가 정말로 흑체복사가 맞는가였다. 우주배경복사가 흑체복사라면 각 파장에 해당되는 에너지가 이론적으로 계산한 것과 같은 값을 가져야 하고 그 그래프는 매끈한 곡선을 그려야 한다. 몇몇 파장에서 관측한 값은 대체로 계산한 값과 잘 맞았지만 여러 파장에서 동시에 관측한 결과는 오랫동안 없었다.

그런데 1987년, 미국 버클리대학과 일본 나고야대학의 천문학자들이 놀라운 결과를 발표했다. 그들은 규슈에서 분광기를 실은 작은 로켓을 약 300킬로미터 상공으로 쏘아 올려 0.1밀리미터에서 1밀리미터 사이 6개 파장의 우주배경복사를 관측했다. 그들이 발표한 결과는 우주배경복사가 흑체복사와 같은 매끈한 곡선을 그리지 않고 특정한 파장에서 더 강하게 나타나는 돌출된 모양을 가진다는 것이었다.

이 결과가 맞다면 빅뱅 직후 우주에 어떤 에너지가 갑자기 나타난 이상한 현상이 일어났거나, 더 나쁘게는 빅뱅 우주론 자체가 잘못된 것일 수도 있었다. 아직도 빅뱅 이론을 인정하지 않은 프레드 호일을 비롯한 일부 천문학자들에게는 반가운 소식일지도 몰랐다.

우주배경복사가 흑체복사가 맞는지 확인하는 것은 COBE에 실린 3개의 관측 기기 중 FIRAS의 임무였다. FIRAS는 버클리-나고야 팀의 관측 기기보다 거의 1천 배나 더 정밀하기 때문에 여기에 대한 분명한 해답을 줄 수 있었다. 그리고 그 답은 COBE가 발사된 지 며칠 만에 얻을 수 있었다.

FIRAS는 0.1밀리미터에서 5밀리미터 사이 60개가 넘는 파장의 우주배경복사를 관측했다. 관측된 자료는 정밀한 교정이 이루어져야 했지만 대략적인 모습은 바로 알아낼 수 있었다. 처음 그려본 FIRAS의 우주배경복사 관측 자료는 더 이상 설명이 필요 없을 정도로 매끈한 곡선이었다. 버클리-나고야 팀의 결과가 잘못된 것임이 분명했다. 하지만 아직 결과를 발표할 단계는 아니었다. COBE 과학 팀은 공개하는 결과의 내용과 방법은 모든 팀원이 동의해야만 한다는 규칙이 있었다. 그리고 아직 자료가 충분히 모이지 않았기 때문에 어딘가에서 큰 실수가 있었을지도 모를 일이었다.

첫 번째 결과 발표는 1990년 1월 13일 미국 천문학회 미팅에서 하기로 했다. COBE가 발사된 지 두 달도 채 되지 않았을 때였다. 팀원

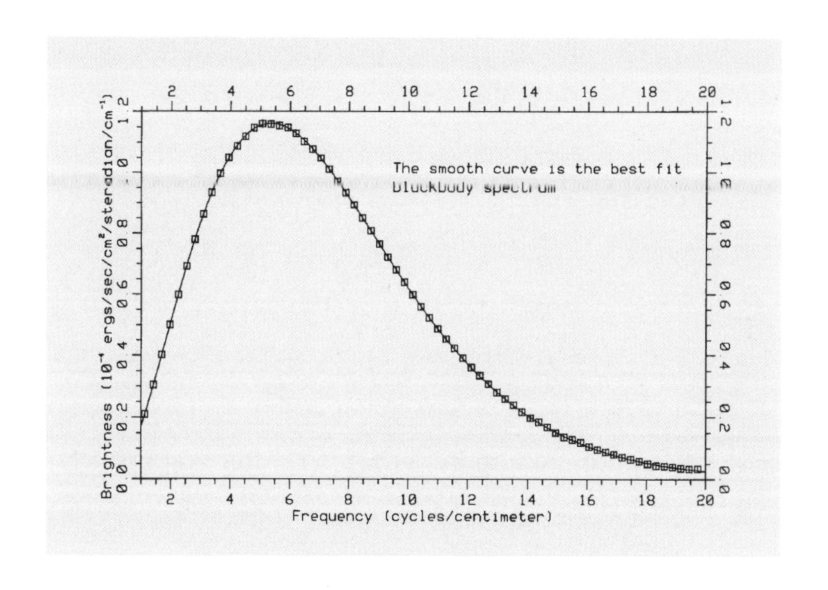

COBE의 FIRAS가 관측한 우주배경복사의 스펙트럼.
사각형은 관측 결과이고 곡선은 2.735K 온도의 흑체복사 곡선이다.
오차는 너무 작아 선의 두께를 벗어나지 않을 정도다.(그림 1, R14)

들은 크리스마스와 새해 휴가를 모두 반납했다. 발표는 학회 미팅의 마지막 날 마지막 세션으로 정해졌다. 팀원들은 대부분 돌아가고 발표 현장에 참석할 사람이 별로 없지 않을까 걱정했다. 결과 발표 시간이 되었을 때 팀원들은 2천 명을 수용할 수 있는 강당이 가득 찬 광경을 보고 깜짝 놀랐다.

FIRAS의 책임자인 존 매더가 연단에 올랐다. 재미있게도 그를 소개한 세션의 좌장은 프레드 호일과 함께 빅뱅 우주론의 가장 강력한 반대자인 제프리 버버리지였다. 매더는 기기의 작동 원리를 간략하게 설명한 다음 FIRAS가 관측한 우주배경복사의 그래프를 공개하면서 말했다.(그림 1) "이것이 우리가 얻은 스펙트럼입니다. 작은 사각형은 우리가 관측한 값이고 흑체복사 곡선이 그 위에 그려져 있습니다. 보시다시피 모든 관측 값이 곡선 위에 있습니다."(R07)

흑체복사 곡선은 우주가 빅뱅으로 태어났다면 우주배경복사가 반드시 가져야 할 모양을 이론적으로 계산한 것이었다. 과학에서 관측 결과와 이론적으로 계산한 값이 이렇게 정확하게 일치하는 경우는 흔하지 않다. 발표장에는 잠시 정적이 흘렀다. 그러고는 모두 약속이나 한 듯이 자리에서 일어나 박수를 쳤다. 이런 기립 박수 역시 과학 발표장에서 흔히 있는 일은 아니다. 그 현장에는 우주배경복사 발견으로 노벨상을 수상한 로버트 윌슨도 있었는데, 그는 훗날 이렇게 회고했다. "정말 너무나 멋진 결과였습니다. 내가 지금까지 본 과학적인 결과 중에서 가장 아름다운 것이었습니다."(R07)

발표를 들은 사람들은 모두 이 결과의 중요성을 잘 이해하고 있었다. 우주배경복사의 스펙트럼이 완벽한 흑체복사인 것은 이제 분명해졌다. 만일 그렇지 않았다면 지금까지 그들 대부분이 믿고 있던 빅뱅 우주론이 잘못되었음을 의미했다. 버클리-나고야 팀의 결과로는 그럴 가능성도 없지 않았다. 그런데 다행히도 COBE의 결과는 그들 대부분이 믿고 있던 이론에 문제가 없다는 사실을 확인시켜주었다. 아마도 그들의 기립 박수에는 안도감도 포함되어 있었을 것이다.

우주배경복사의 스펙트럼은 온도 2.735K 흑체복사의 스펙트럼과 1퍼센트 이내로 일치했다. 그 결과는 1990년 5월 〈천체물리학 저널〉에 정식으로 출판되었다.(R14) 과학 연구의 결과는 반드시 논문으로

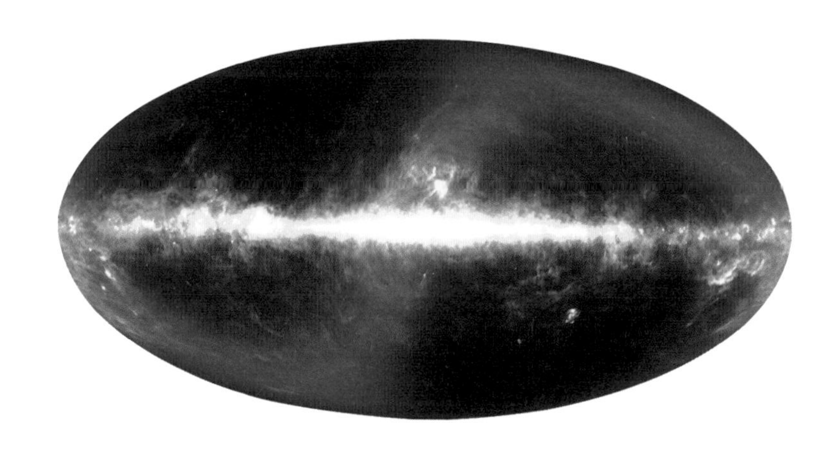

DIRBE가 적외선으로 전체 하늘을 관측한 모습. 큰 S자 모양은 태양계의 황도광이고, 중심을 가로지르는 우리은하의 모습도 잘 보인다.(그림 2, NASA)

출판되어야만 학계에서 공식적으로 인정받는다. '해보니 이런 결과가 나오더라'라는 주장만으로는 아무 소용없다. 어떤 자료를 어떻게 분석하여 어떠한 결과가 나왔는지 논문을 통해 정확하게 제시하고 그에 대한 확실한 검증을 거쳐야 과학적인 성과로 인정받을 수 있다. COBE는 발사된 지 채 1년도 되지 않아서 수십 년간 과학자들이 가지고 있던 믿음에 확실한 증거를 제공해준 것이었다.

매더에 이어 마이크 하우저가 DIRBE의 관측 결과를 발표했다. DIRBE의 임무는 전체 하늘을 적외선으로 관측하는 것이었다. DIRBE는 가시광선으로는 볼 수 없는 우리은하의 모습을 보여주었고(그림 2), 우리은하 중심에 막대가 있다는 강력한 증거를 제공했다. 그리고 이후 연구에서 DIRBE는 우주 탄생 이후 태어난 모든 별에 의해 가열된 먼지가 만들어내는 적외선 배경복사를 발견했다. 적외선 배경복사는 우주 전체에서 모든 별에 의해 방출된 총에너지의 양을 측정하는 데 중요한 역할을 한다. 이를 이용해 빅뱅 이후 은하와 별이 어떻게 태어나고 진화했는지 연구할 수 있는 것이다.

DIRBE의 관측 결과는 다른 2개의 기기에 비해 직접적인 결과를 제공해준 것이 아니기 때문에 일반인에게는 상대적으로 덜 알려지긴 했지만, 은하와 별의 탄생과 진화 과정이 활발하게 진행되는 최근에도 중요한 기본 자료로서 역할을 수행하고 있다.

마지막으로 발표에 나선 사람은 DMR의 책임자인 조지 스무트였다. DMR의 임무는 빅뱅 직후 만들어진 미세한 밀도 차이의 흔적을 찾는 것으로, 어쩌면 COBE의 가장 핵심 임무라고 할 수 있었다. 빅뱅 직후의 미세한 밀도 차이가 우주배경복사에 남긴 온도의 차이는 10만 분의 1 수준이기 때문에 두 달도 채 되지 않은 짧은 관측으로 쉽게 찾을 수 있는 것이 아니었다. 이날 스무트의 발표도 DMR이 아직 우주배경복사의 비등방성을 발견하지 못했다는 것이고, 어쩌면 당연한 결과라고 할 수 있었다.

하지만 언론이 중요하게 다룬 것은 FIRAS의 성공보다는 DMR의 실패였다. 〈뉴욕 타임스〉에는 "탐사선은 격동의 창조 흔적을 보지 못했다"라는 기사가 실렸고, 〈디스커버 매거진〉에는 "너무나 매끈한 우주?"라는 기사와 함께 스무트의 인터뷰가 실렸다. "만일 우리가 뭔가를 보지 못한다면 뭔가가 잘못된 것입니다. 우리 이론이 아주 기본적으로 잘못되었다는 말이죠."(R07) 뭔가가 잘못되지 않았다는 것은 2년 뒤에야 밝혀졌다.

신의 얼굴을 보다

COBE가 보내온 자료, 그중에서도 DMR이 보내온 자료를 분석하는 것은 당연히 쉽지 않다. 우주배경복사의 비등방성을 찾는 일은 10만 분의 1 수준의 온도 차이를 구분해내야 하므로 정교한 관측뿐만 아니라 정밀한 자료 분석이 필수적이다. 그리고 자료 분석에는 당연히 많은 사람들의 노력이 필요하다.

DMR의 부책임자Deputy PI인 척 베넷이 주로 한 일은 우리은하에서 나오는 빛을 측정하고 수정하는 것이었다. 우주배경복사 관측에서 중요한 일은 우리은하에서 나오는 빛을 제거하는 것이다. 베넷은 우리은하에서 나오는 빛의 모형을 구하고 각 파장대별로 지도를 만들어 우리은하에서 나오는 잡음을 제거했다. 버클리대학에서 조지 스무트의 학생이었던 앨런 코것은 가능한 기계 오류와 소프트웨어의 에러를 찾아내는 작업을 했다.

UCLA의 천문학과 교수인 네드 라이트는 동료들 사이에서 자료 분석에 탁월한 재능을 가지고 있는 사람으로 유명했다. 그는 DMR

의 자료를 자신이 개발한 소프트웨어로 분석하여 1991년 여름 무렵에 이 자료가 우주배경복사의 비등방성을 보여준다는 사실을 처음으로 알아냈다. 그의 소프트웨어는 스무트가 이끄는 로렌스 버클리 연구소에서 개발한 것보다 훨씬 효율적이어서 더욱 빨리 결과를 얻을 수 있었다.

COBE의 결과를 공식적으로 발표하기 위해서는 내용과 방법 다 모든 구성원이 동의해야 한다는 것이 내부의 규칙이었다. 라이트의 자료 분석은 지금까지 한 번도 잘못된 적이 없었기 때문에 모든 사람이 그의 결과를 신뢰했다. 발표를 반대한 단 한 사람은 DMR의 책임자인 조지 스무트였다.

스무트는 라이트의 결과가 아직 확실하지 않기 때문에 신중해야 한다고 주장했다. 하지만 스무트를 잘 아는 사람들은 라이트가 자기보다 먼저 결과를 발표하는 것이 싫었기 때문이라고 생각했다. 결과가 확실하지 않다면 더 많은 자료를 이용해 검증해야 하는 것이 맞다. 그런데 스무트는 베넷에게 이렇게 말했다. "네드 라이트가 내 자료에 손을 대지 않았으면 하네."(R07, R15)

DMR의 자료는 프로젝트에 참여한 사람들 공동의 자료였지 그의 자료가 아니었다. 스무트는 심지어 다른 연구자들에게는 가짜 신호가 포함된 엉터리 자료를 제공하자는 제안까지 했다. 자료 분석에 오류가 있는지 확인할 수 있는 방법이라고 주장했지만 결론은 자신은 제대로 된 자료를 가지고 있고 다른 사람들에게는 엉터리를 주겠다는 것이었다.

스무트는 베넷에게 자신은 참가하지 않은 내부 회의에서 이 제안을 발표하라고 지시했고 베넷은 내키지 않았지만 상사의 지시를 따랐다. 잠시 침묵이 흐른 뒤 라이너 바이스가 말했다. "당신 제정신이오?" 베넷은 자신의 생각이 아니라고 대답했다. 바이스가 말했다. "좋아요. 그럼 그 얘긴 집어치우고 하던 일이나 계속 합시다."(R15)

사실 베넷은 COBE 프로젝트가 무사히 진행되는 데 결정적인 역할을 했다. 스무트가 책임자인 그룹의 부책임자로 베넷을 뽑은 사람은 스무트가 아니라 마이크 하우저와 존 매더였다. 그들이 베넷을 뽑은 이유는 DMR의 기기 제작이 너무나 중요한 일이어서 능력 있는 실질적인 책임자가 반드시 필요하다고 생각했기 때문이었다.

박사과정을 막 졸업한 베넷이 스무트 그룹의 부책임자가 되었을 때 스무트와 일을 해본 적이 있었던 모든 사람들은 그를 만날 때마다 걱정스러운 표정으로 일이 잘 되어가느냐고 물었다. 베넷은 처음에는 몰랐지만 금방 이유를 알게 되었다. 스무트는 주로 자신의 일을 했고 프로젝트가 잘 돌아가도록 관리하는 것은 베넷의 업무였다.

스무트가 기기 제작 진행 상황을 확인하려고 현장에 오는 날이 아마도 베넷에게는 가장 힘든 날이었을 것이다. 스무트는 엔지니어들에게 소리를 지르며 하나하나 지적했다. 그의 지적이 맞든 틀리든 엔지니어를 대하는 좋은 방법이 아니었다. 그가 돌아가고 나면 언제나 가장 뛰어난 엔지니어들이 베넷을 찾아왔다. "그만두겠습니다." 빈말이 아닌 것이 그들은 언제라도 훨씬 더 좋은 자리로 옮겨갈 능력이 있고 실제로도 그런 제안을 받는 사람들이었다. 결국 기기 제작에서 베넷에게 가장 어려운 문제는 기술적인 것이 아니라 사람이었다. "진정하세요. 그분은 원래 그렇잖아요. 당신은 정말 잘하

고 있어요." 베넷은 마치 심리치료사가 된 것 같은 느낌이었다고 했다.(R15)

COBE 팀 과학자들은 두 그룹으로 나누어 DMR의 자료를 다시 분석하기로 했다. 한 그룹은 라이트의 소프트웨어로, 다른 그룹은 공식적인 소프트웨어로 작업했다. 그런데 바로 그 시기에 스무트는 자신의 또 다른 연구를 위해 몇 주 동안 남극으로 떠났다. 스무트가 돌아올 즈음에는 베넷, 코겻, 라이트가 3편의 논문을 거의 완성해두었다. 스무트는 그들이 '자신의' 자료로 먼저 논문을 쓴 것에 불같이 화를 냈다. 그 논문들은 발표되지 않았다.

하지만 DMR 자료의 결과 발표를 무한정 미룰 수는 없었다. 다른 팀이 풍선을 이용한 관측으로 COBE 팀보다 먼저 결과를 발표할 가능성이 있기 때문이었다. COBE 팀은 1992년 4월에 워싱턴에서 열리는 미국 물리학회에서 결과를 발표하기로 했다. 학회는 4월 20일 월요일부터 4월 23일 목요일까지였고 COBE 팀의 발표는 4월 23일로 예정되었다. COBE의 결과를 언론에 발표하는 공식 기자회견은 23일 오후에 열릴 예정이었다. 조지 스무트가 주도하고 척 베넷, 네드 라이트, 앨런 코겻이 질문에 대답하기로 했다.

그런데 COBE의 주요 기기 중 하나인 DIRBE의 책임자 마이크 하우저는 학회가 시작되는 20일 월요일에 조지 스무트의 초청 강연이 예정되어 있다는 사실을 알게 되었다. 하우저가 마침 미국 물리학회 임원이기 때문에 미리 알 수 있었던 것이다. 스무트가 월요일에 초청 강연을 한다면 목요일로 예정된 COBE 팀의 발표와 기자회견은 사실상 의미 없는 이벤트가 되어버린다.

낸시 보게스 역시 한 물리학회 임원으로부터 전화를 받았다. "당신들은 왜 기자회견을 2개나 계획하고 있나요? 하나는 월요일이고 하나는 목요일인데." 깜짝 놀란 보게스는 스무트에게 전화를 걸었다. "조지, 무슨 일이죠? 목요일에 우리 결과를 발표하는 데 모두 동의했잖아요." 스무트가 대답했다. "그때는 사람들이 모두 가고 없을 겁니다." 보게스가 말했다. "그건 상관없어요. 우리가 합의한 것은 목요일이에요."(R07)

스무트는 자신이 월요일에 발표하려던 것은 COBE의 결과를 독차지하기 위해서가 아니라 그날 청중이 가장 많을 것으로 생각했기 때문이라고 주장했다. 하지만 그 계획을 COBE 팀원에게 비밀로 했던 것은 사실이었다. 낸시 보게스는 스무트를 COBE 팀으로 끌어들인 사람이었지만 이때부터 자신이 뭔가 크게 잘못한 것이 아닌지 의심하기 시작했다고 한다.

스무트의 월요일 발표 계획은 취소되었다. 그런데 결과 발표 예정일 이틀 전인 화요일에 존 매더는 LA의 한 기자로부터 전화를 받았다. 자신이 쓴 우주배경복사 비등방성 발견에 대한 글을 검토해달라는 요청이었다. 매더는 깜짝 놀라 되물었다. "그 이야기를 어디서 들었죠?" 그는 로렌스 버클리 실험실의 보도 자료에서 보았다고 대답했다. 조지 스무트가 소속된 곳이었다.

목요일까지는 기사화하지 말라는 요청이 포함되어 있었지만 그 보도 자료의 내용은 COBE 팀원이 모두 동의한 것이 아니기 때문에 팀 내부 규정 위반이었다. 그리고 이 자료에는 COBE가 마치 로렌스 버클리 실험실의 프로젝트인 것처럼 쓰여 있었고 조지 스무트의 이름만 언급되었다.

1992년 4월 23일 목요일 미팅에서 스무트는 COBE의 DMR이 관측한 우주배경복사의 비등방성 사진을 발표했다.(그림 3) 빅뱅 우주론이 설명하는 우주 탄생과 진화 과정이 기본적으로 옳음을 보여주는 대단한 결과였다. 엄청난 관심을 끄는 것은 이상한 일이 아니었다.

이어진 기자회견장은 대성황이었다. 적어도 100명 이상의 기자와 수많은 방송 카메라가 몰려와 있었다. 로렌스 버클리 실험실에서 배포한 보도 자료 덕분에 기자들 대부분이 기본적인 내용을 이미 알고 있었다. 그리고 기자회견의 주인공은 자연스럽게 조지 스무트가 되었다.

우주배경복사에서 나타나는 온도 차이의 중요성을 설명하던 스무트는 몇 개의 비유를 들다가 기자들의 마음에 쏙 드는 한마디를 찾아냈다. "당신이 만일 종교를 믿는다면 이 결과는 마치 신의 얼굴을 보는 것과 같습니다."

이 말과 함께 조지 스무트는 순식간에 세계에서 가장 유명한 과학자가 되었다. 다음 날 그의 이름은 〈뉴욕 타임스〉와 〈워싱턴 포스트〉 1면에 등장했고 COBE 프로젝트의 총책임자로 소개되었다. 여러 과학자들의 칭찬도 이어졌다. 시카고대학의 마이크 터너는 이것을 "우주론의 성배"라고 했고, 스티븐 호킹은 COBE의 발견을 "역사상은 아닐지 몰라도 금세기 최대의 발견"이라고 말했다.

스무트는 텔레비전 쇼에 출연했고 모든 신문의 기자들이 인터뷰를 애걸하는 사람이 되었다. 나중에 출판된 그의 책 『시간의 주름

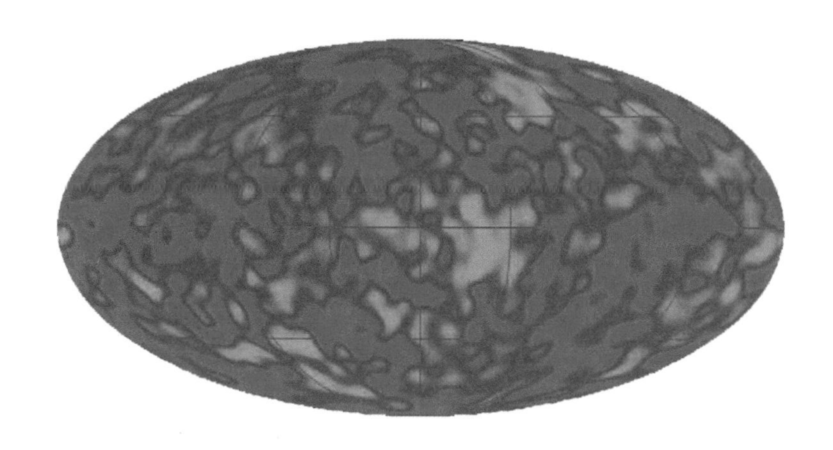

COBE의 DMR이 관측한 우주배경복사의 비등방성.
붉은색은 온도가 상대적으로 높은 곳, 푸른색은 낮은 곳이다.
이 온도 차의 원인이 된 밀도 차이에서 현재 우주에 존재하는 별과 은하가 만들어졌다.
이 사진은 1992년 4월, 수많은 나라의 신문 1면을 장식했다.
물론 우리나라는 아니었다.(그림 3, NASA)

Wrinkles in Time』은 계약금이 200만 달러였고, 스무트와 공동 저자인 작가가 7 대 3으로 나누어 가지는 것으로 되어 있었다.(R07)

COBE와 같은 대단한 과학적 성과는 기여도를 어떻게 나누느냐가 매우 중요한 문제가 된다. 과학자로서의 경력에 큰 영향을 주기 때문이다. 이러한 이유로 가끔씩 구성원들 사이에 분쟁이 일어나는 경우도 있다. COBE 팀원들은 성과에 대한 기여도 때문에 대중 앞에서 싸우는 모습을 보이고 싶지 않았다. 그래서 모든 구성원이 동의하기 전에는 외부로 결과를 발표하지 않는다는 규정을 만들었던 것이다.

몇 번이나 규정을 어긴 조지 스무트의 행동에 팀원들이 화를 내는 것은 당연했다. 팀원들의 분노는 기자회견 직후부터 터져 나왔다. 스무트를 처음 COBE 팀에 끌어들인 낸시 보게스는 "심한 배신감을 느꼈다"고 말했다. "그는 모든 것을 '내가' 했다고 표현했어요. 실제로 모든 일을 했던 베넷, 코것, 라이트의 이름조차 언급하지 않았어요."

낸시 보게스는 우주배경복사에 대한 자신의 이전 연구 때문에 NASA가 자신을 DMR의 책임자로 뽑았다고 한 스무트의 말에 특히 분개했다. "그건 거짓말이고, 자기도 거짓말이라는 것을 알고 있어요. NASA가 원한 사람은 데이비드 윌킨슨이었어요. 그가 거절했기 때문에 어쩔 수 없이 조지를 뽑은 거죠."(R07)

COBE 팀원들은 스무트가 과학적 성과를 독차지하려고 모든 것을 계획적으로 했다고 믿었다. 실제 DMR의 자료 처리는 네드 라이트가 스무트의 버클리 팀보다 먼저 했지만, 로렌스 버클리 실험실에서 배포한 보도 자료 때문에 실제로는 LA에서 많은 역할을 한 네드 라이트, 사무엘 굴키스, 마이크 얀센은 〈LA 타임스〉에서 완전히 무시당했다. 주인공은 언제나 조지 스무트였다.

NASA에서도 스무트가 일으킨 문제를 심각하게 받아들였다. 처음에는 스무트와 로렌스 버클리 실험실에 대해서 법적 조치를 하는 것까지 고려했지만, 그렇게는 하지 않기로 했다. 대중 앞에서 싸우는 모습을 보이고 싶지는 않았기 때문이었다.

COBE의 총책임자인 라이너 바이스는 DMR의 책임자를 척 베넷으로 교체하는 것도 고려했다. 결과에 대한 공식적인 발표는 나왔지만 DMR 자료로 해야 할 일은 아직 많았기 때문에 이것은 매우 중요한 문제가 될 수 있었다. 스무트와 엔지니어들 사이를 조율하며 프로젝트가 무사히 진행되는 데 큰 역할을 한 척 베넷은 스무트의 자리를 대신하는 것을 거절했다. 결국 스무트가 COBE 팀원들에게 4쪽에 걸친 사과 편지를 보냄으로써 일은 마무리되었다.

대부분의 COBE 팀원들은 스무트의 사과가 진심이 아니라고 여겼지만, 라이너 바이스는 그렇게까지 생각하는 것은 너무 불공정하다고 말했다. "그는 20년 동안이나 이 프로젝트를 위해서 열심히 일했고, 아주 훌륭하게 해냈습니다. 나는 조지를 돕기 위해서 할 수 있는 모든 일을 했어요. 하지만 배신감이 들긴 합니다."(R15)

COBE의 결과 발표에 대한 천문학계의 반응은 놀라웠다. 1992년 4월의 발표 이후 불과 2년 사이에 COBE의 자료와 관련된 논문이 900여 편이나 나왔다. COBE의 결과는 빅뱅 우주론에게는 구원의 손길이었다. 만일 우주배경복사가 흑체복사가 아니었거나 미세한 온도 변화가 발견되지 않았다면, 과학자들은 빅뱅 우주론이 아닌 다른 이론을 찾아야만 했을 것이다.

발사된 지 약 4년 만인 1993년 12월 COBE는 수명을 다했다. 특별한 일이 없다면 COBE는 900킬로미터 높이에서 103분마다 지구를 한 바퀴 도는 우주 쓰레기로 수백 년 동안 남아 있을 것이다. 어쩌면 우리의 후손들이 수거해서 박물관에 전시할지도 모른다. 우리 선조들이 우주의 탄생과 진화를 이해하기 위해 노력했던 흔적이다, 이런 원시적인 도구로 우주의 비밀을 알아내려고 했다니 참 무모했다……. 뭐 이런 대화를 하면서.

원적외선 분광기 FIRAS의 스펙트럼 자료 분석은 1996년에 완료되었다. 우주배경복사의 스펙트럼은 이론적인 예측과 0.01퍼센트 이내로 일치했다. 이것은 FIRAS의 책임자 존 매더가 처음에 약속했던 것보다 10배 이상 좋은 결과였다. DMR 자료 역시 우주배경복사에 미세한 온도 차이가 실제로 존재한다는 사실을 분명하게 확인시켜 주었다.

2006년 노벨 물리학상이 "우주배경복사의 흑체복사 형태와 비등방성을 발견한 공로"로 존 매더와 조지 스무트에게 주어졌다. 존 매더는 NASA 소속 과학자로는 최초의 노벨상 수상자가 되었고, 지금은 허블 우주망원경의 뒤를 이을 제임스 웹 우주망원경 제작에 참여하고 있다.

조지 스무트는 버클리대학의 교수를 지내며 〈빅뱅 이론〉이라는 인기 시트콤에 출연하는 등 여전히 유명인으로 대접받고 있다. 스무트는 2009년 이화여자대학교 석좌교수로 위촉되어 5년간 한 학기씩 한국에 머물며 강의를 하고 초기우주과학기술연구소 소장으로 활동했으며, 우리나라에서 공기청정기 광고에 출연하기도 했다.

COBE의 총책임자였던 라이너 바이스는 COBE에 참여하기 이전에 추진했던 LIGO Laser Interferometer Gravitational-Wave Observatory 프로젝트로 돌아갔다. LIGO는 레이저 간섭계를 이용해 중력파를 직접 검출하는 대규모 프로젝트다. 바이스는 2016년 2월 최초의 중력파 검출을 발표하는, 전 세계로 생중계된 역사적인 공식 기자회견 단상의 한 자리를 차지했다. 바이스는 킵 손, 로널드 드레버와 함께

LIGO의 중력파 검출기를 발명한 사람 중 한 명으로 노벨상 수상이 유력시되고 있다. 그런데 안타깝게도 로널드 드레버는 2017년 3월에 세상을 떠나 노벨상 수상은 불가능하게 되었다.

COBE를 처음 구상했던 20년 전에는 대부분의 사람들이 우주배경복사를 통해서 무엇을 알아낼 수 있는지 생각하지 못했고, 연구하는 사람도 많지 않았다. 하지만 COBE의 활약으로 우주배경복사가 우주 탄생 직후에 일어난 사건을 그대로 보여주며, 이로부터 많은 것을 알아낼 수 있다는 사실을 이해하게 되었다. 우주배경복사가 우주론 연구의 주인공으로 등장하게 된 것이다.

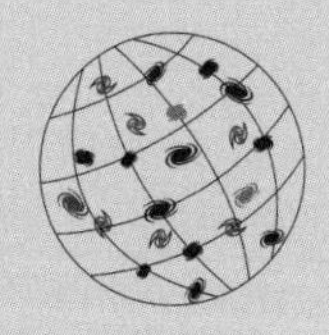

빛이 그린 우주의 지도

WMAP

일반인들에게 WMAP의 결과는 신의 얼굴을 본 것도 아니고 성배도 아니었다. 하지만 과학자들에게는 과학 연구에서 어떤 것이 사실이라고 믿는 것과 실제로 확인하는 것 사이에는 큰 차이가 있다.

우주의 금광

COBE의 성공은 우주론의 표준 모형을 굳건하게 지켜주었다. 빅뱅 38만 년 뒤에 만들어진 우주배경복사는 초단파에서 매끈한 흑체복사의 형태를 가져야 한다. COBE가 관측한 우주배경복사의 에너지는 물리학 교과서에 실린 이론적인 흑체복사의 그래프로 대체해도 될 정도로 완벽한 모양이었다.

우주배경복사는 우주 전체에서 균일해야 하지만 완벽하게 균일해서는 안 된다. 그렇다면 우리가 지금 보고 있는 별이나 은하와 같은 천체들이 만들어질 수 없기 때문이다. 빅뱅 직후 불확정성의 원리에 따라 만들어진 미세한 양자 요동은 인플레이션으로 급격히 커져서 우주 전체 규모의 요동이 되었다. 요동이 밀도의 차이가 되었고, 밀도 차가 우리가 지금 보는 은하와 별로 성장하기 시작했다.

그런데 이때 만들어진 밀도의 차이는 너무나 작아서, 만일 우리 주변에서 흔히 보는 보통 물질들만 있었다면 별과 은하가 만들어지기에는 아직도 시간이 부족했을 것이다. 다행히 우주에는 눈에 보이지는 않고 중력으로만 작용하는 암흑물질이라는 것이 있어서 별과 은하를 만드는 데 필요한 중력을 제공해주었다. 암흑물질의 존재는 여러 관측 결과로 분명해졌고, 이 암흑물질을 고려하면 우주배경복사에는 약 10만 분의 1 수준의 온도 변화가 나타나야만 한다. 그리고 COBE는 정확하게 이 수준의 온도 변화가 우주배경복사에 존재함을 밝혀냈다. 완벽하다!

COBE의 결과가 발표되자 천문학계는 흥분에 휩싸였다. 천문학자들은 우주배경복사를 통해서 더 알아낼 것이 있을지 연구하기 시작했다. 곧 우주의 이 미세한 온도 변화는 우주에 대한 거의 모든 종류의 변수를 알아낼 수 있는 금광 같은 것이라는 사실이 밝혀졌다. 우주의 팽창 속도, 우주의 모양, 암흑물질과 암흑에너지 그리고 보통 물질의 비율 등 우주의 기본적인 모양을 우주배경복사 관측을 통해서 알아낼 수 있다는 것이다.

우주배경복사의 온도 변화 패턴을 이용해 우주의 모양을 알아내는 방법을 예로 들어보자. 우주배경복사의 미세한 온도 차이는 상대적으로 온도가 높은 부분과 낮은 부분으로 나타난다. 이는 보통 우주배경복사 그림에서 각각 붉은색과 푸른색으로 표시된다. 여기서 중요한 것은 붉은색과 푸른색으로 표시되는, 온도 변화가 나타나는 영역의 크기다. 이 크기를 이용해서 우주의 모양을 알아낼 수 있는 것이다.

우리가 관측하는 온도 변화 영역의 크기는 우주의 모양에 따라서 달라진다. 빅뱅 우주론으로는 우주배경복사에서 온도 변화가 나타

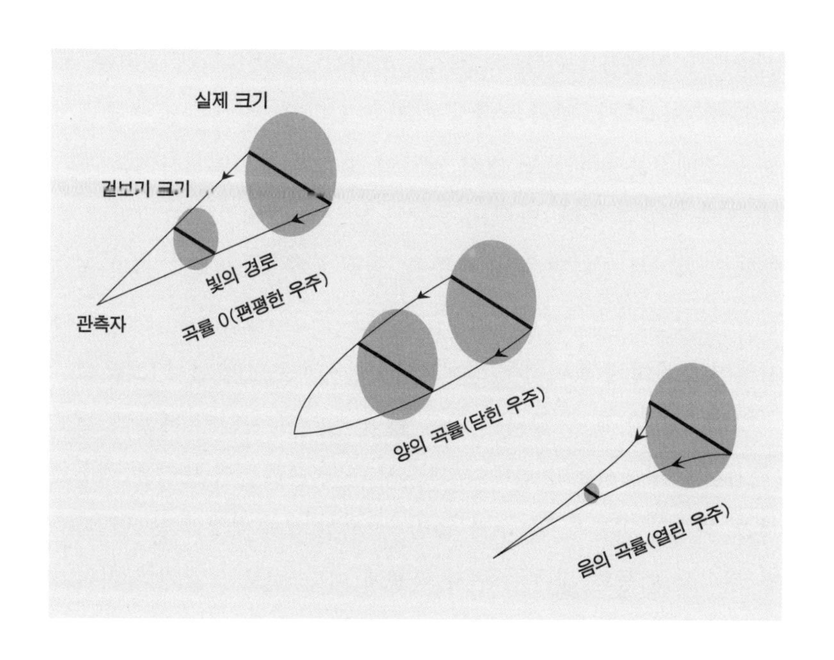

우주의 모양에 따른 온도 변화 영역의 크기.
편평한 우주에 비해 공 모양의 닫힌 우주에서는 온도 변화 영역의 크기가 더 크게 보이고
말안장 모양의 열린 우주에서는 더 작게 보인다.(그림 1, R11)

나는 영역의 크기가 우주의 모양에 따라서 얼마가 되어야 하는지 계산할 수 있다. 이론으로 계산한 결과와 관측 결과를 비교하면 우주의 모양을 알 수 있는 것이다. 우주의 전체적인 모양이 어딘가에서 휘어 있지 않고 편평하다면 온도 변화 영역의 크기는 이론으로 계산한 값과 같은 크기로 보일 것이고, 우주의 모양이 편평하지 않고 전체적으로 휘어 있다면 온도 변화 영역의 크기는 이론으로 계산한 값과 다르게 보일 것이다.

우주가 전체적으로 공 모양으로 휘어져 있다면 이런 우주를 '닫힌 우주'라고 하고 양의 곡률을 가지고 있다고 말한다. 이 우주에서는 우주배경복사의 온도 변화 영역이 볼록하게 휘어져서 실제보다 더 크게 보이게 된다. 반대로 우주의 모양이 전체적으로 말안장 모양으로 휘어져 있다면 이런 우주를 '열린 우주'라고 하고 음의 곡률을 가지고 있다고 한다. 이 우주에서는 우주배경복사의 온도 변화 영역이 오목하게 휘어져서 실제보다 더 작게 보이게 된다.(그림 1)

빛의 경로가 길지 않다면 빛은 많이 휘어지지 않기 때문에 겉보기 차이를 구별하기가 힘들다. 그래서 근처 은하들의 모양을 관측해서는 우주의 곡률을 알 수가 없다. 하지만 우주배경복사처럼 아주 먼 거리를 이동한 빛은 우주의 곡률에 따라 겉보기 크기의 차이가 분명하게 드러난다. 그러므로 우주배경복사의 온도 변화 영역의 크기를 정확하게 관측하면 우주의 곡률을 알아낼 수 있는 것이다. 뿐만 아니라 우주의 곡률은 우주 전체에 포함된 물질과 에너지 양에 의해 결정되기 때문에 이 결과로 우주의 물질과 에너지의 양도 알아낼 수 있다.

그런데 문제는 빅뱅 우주론으로 계산한 우주배경복사의 온도 변화 영역의 크기가 그렇게 크지 않다는 것이다. 계산에 따르면 우주배경복사의 온도 변화 영역의 크기는 대부분이 약 1도 근처여야 한다. 그리고 다른 물리량들을 알아내기 위해서는 1도보다 더 작은 영역의 크기까지 구분이 가능해야 한다.

결국 우주배경복사를 통해서 우주의 물리량을 알아내려면 우주배경복사를 1도 이내의 해상도로 관측해야 한다는 말이다. 그런데

COBE의 해상도는 약 7도였기 때문에 COBE의 자료로는 우주의 물리량을 알아낼 수가 없었다. COBE는 우주배경복사에 온도 변화가 있다는 사실을 증명하고 우주배경복사를 통해 우주를 연구하는 것이 충분히 가치가 있다는 자신감을 심어주었다. 하지만 우주를 연구하는 금광과 같은 우주배경복사에서 실제로 금을 캐내기 위해서는 COBE를 능가하는 새로운 장비가 필요하다는 사실이 분명해졌다.

새로운 팀

COBE 팀이 구성되고 실제로 발사되기까지는 15년의 시간이 걸렸다. 그러다 보니 COBE의 기기에는 대부분 10년 전의 기술들이 적용된 셈이고, 결과적으로 해상도가 정밀할 수 없었다. COBE의 결과가 발표된 1990년대 초반에는 전파망원경 기술이 크게 발달하여 우주배경복사 관측을 통해서 원하는 물리량을 알아낼 정도로 정밀한 기기가 충분히 만들어질 수 있는 환경이 갖추어졌다.

우주배경복사를 더 정밀하게 관측하는 데 큰 관심을 가진 사람은 오랫동안 우주배경복사 연구를 해오던 데이비드 윌킨슨이었다. 윌킨슨은 펜지어스와 윌슨이 우연히 우주배경복사를 발견하지 않았다면 최초의 우주배경복사 발견자가 될 가능성이 가장 높았던 사람이었고, 이후에는 NASA가 COBE의 DMR 책임자로 선정한 사람이었다. 그가 NASA의 제안을 거절했기 때문에 그 자리는 조지 스무트에게로 넘어갔다. 어떻게 보면 노벨상 수상의 기회를 두 번이나 놓쳤다고 볼 수 있을 것이다.

윌킨슨이 NASA의 제안을 거절한 이유는 COBE 프로젝트가 자신이 추구하는 방향과 맞지 않았기 때문이었다. 윌킨슨은 COBE와 같은 대규모 프로젝트보다는 직접 기기 제작과 연구에 참여할 수 있는 소규모 프로젝트를 선호했다. 그런데 COBE는 진행 과정에서 지나치게 규모가 커져 어떤 팀원은 관련된 일을 전혀 하지 않으면서 이름만 올려놓는 경우도 있었다.

그리고 COBE의 초기 설계에는 과학자들이 많이 관여했지만 실제 제작은 전적으로 공학자들의 손에 맡겨졌다. 윌킨슨이 COBE에 참여하지 않은 것도 이 과정에서 자신이 할 역할이 별로 없다고 생각했기 때문이었다. 심지어는 관측된 자료 처리마저 과학자가 아니라 외부 계약자들에 의해 이루어지기도 했다. 윌킨슨은 만일 자신이 새로운 우주배경복사 관측 프로젝트를 하게 된다면 COBE와는 전혀 다른 형태로 진행하리라고 마음먹고 있었다.

윌킨슨이 처음으로 손을 잡은 사람은 같은 프린스턴대학에 근무하던 라이먼 페이지였다. 윌킨슨보다 스물두 살이나 어린 페이지는 1980년대 초반에 보든칼리지 물리학과를 졸업하고 무엇을 해야 할지 몰라 방황하고 있었다. 남극기지에서 17개월 근무하고 미국으로 돌아와서도 여전히 진로를 결정하지 못하다가, 보트로 남태평양을 항해하던 중 폭풍으로 죽을 고비를 넘긴 날 밤, 물리학과 대학원에 진학하기로 결심했다. 그는 입학시험도 보지 않고 MIT대학원의 라이너 바이스의 실험실로 찾아갔다. 바이스는 평범하지 않은 이 젊은이를 실험실의 테크니션으로 고용했다가 대학원에 입학시켰다. 바이스에 따르면 페이지는 “어떻게 하면 기기가 작동하게 되는지 아는

사람"이었다.(R15)

당시 바이스는 COBE 프로젝트를 이끌고 있었지만 페이지는 참여하지 않았다. 이미 너무나 많은 사람들이 관여해서 자신이 할 수 있는 역할이 별로 없을 것이라고 생각했기 때문이었다. 대신 그는 자신을 더 필요로 하는 스티브 마이어의 팀에 합류했다. 그리고 COBE가 발사되던 1989년에 MIT에서 풍선을 이용한 우주배경복사 관측 연구로 박사학위를 받았다. COBE의 발표가 몇 달만 늦어졌더라면 우주배경복사의 온도 변화를 최초로 관측한 사람들은 페이지가 속한 MIT 팀이 되었을지도 모른다.

윌킨슨과 페이지는 우주배경복사 관측을 위한 새로운 우주망원경의 필요성에 깊이 공감했다. 그들은 물리학자이면서도 전자 기기 제작에 천재적인 재능을 가진 노엄 자로식을 끌어들여 최초의 제안서를 만들었다.

윌킨슨의 방향은 명확했다. 팀의 규모는 작아야 하고, 모든 구성원이 중요한 책임을 맡아 충분한 역할을 하며, 프로젝트의 모든 단계에 과학자들이 개입할 수 있어야 한다는 것이었다. 그들은 제안서를 NASA에 보냈지만 당시 큰 재정 위기를 겪고 있던 NASA가 새로운 우주배경복사 관측용 우주탐사선을 띄운다는 제안을 받아들일 가능성은 거의 없다는 사실을 잘 알고 있었다.

NASA 재정 위기의 큰 원인은 바로 허블 우주망원경이었다. 1970년대부터 계획되었던 허블 우주망원경은 우여곡절 끝에 1990년 4월, 드디어 발사되었다. 그때까지 들어간 총비용은 25억 달러나 되었다. 엄청난 기대를 한 몸에 받고 발사된 허블 우주망원경이 보내온 사진은 너무나 실망스러웠다. 원인은 망원경의 거울이 잘못 만들어졌기 때문이었다. 25억 달러짜리 어이없는 실수에 대한 의회의 대답은 NASA에 대한 예산 삭감이었다.

그렇게 어렵게 올린 우주망원경의 잘못된 거울을 당연히 그대로 방치할 리 없다. NASA는 거울의 오류를 수정할 방법을 찾아냈고, 1993년 12월 우주왕복선으로 허블 우주망원경을 방문한 우주비행사들이 광학계 수리를 완료했다. 그 뒤 20년이 훨씬 지난 지금까지도 허블 우주망원경은 세계에서 가장 유명한 망원경이며, NASA의 가장 성공적인 프로젝트로 평가받고 있다.

결과는 해피엔딩이지만 과정은 시련의 연속이었다. 의회의 예산 삭감으로 NASA의 프로젝트도 적은 예산으로 효율적인 결과를 얻는 방향으로 갈 수밖에 없었다. 작고 효율적인 프로젝트를 지향하는 데이비드 윌킨슨 팀의 방향은 당시 NASA의 정책과는 잘 맞았다. 하지만 NASA의 지원을 받기 위해서는 자신들이 목표로 하는 성능을 발휘할 기기를 실제로 만들 수 있다는 사실을 증명해야 했다.

COBE의 결과가 발표된 지 1년 6개월이 지난 1993년 9월, 조지 스무트의 부책임자로 COBE DMR의 제작과 자료 처리에 중요한 역할을 한 척 베넷이 소문을 듣고 윌킨슨에게 연락했다. 베넷이 새로운 우주배경복사 관측 위성에 특별히 관심이 있어서는 아니었다. 단지 자신이 존경하는 윌킨슨이 어떤 생각을 하고 있는지 궁금해서였다.

윌킨슨 역시 베넷을 COBE 팀에서 유능하고 성격 좋은 사람으로 기억하고 있었다. 두 사람은 새로운 우주배경복사 관측 위성을 성사

시키기 위해서는 그것이 꼭 필요한지부터 확실하게 해두는 것이 중요하다는 데 동의했다. 지상에서는 불가능한지, 우주로 나간다면 어떤 궤도가 좋은지, 발사는 어떻게 할 것인지, 얼마나 적은 예산으로 만들 수 있는지 등이었다. 이를 위해 두 사람은 내용을 논의할 모임을 만들기로 결정했다.

모임은 1993년 10월 19일 고다드 우주 비행 센터에서 열렸다. 17년 전 COBE 팀의 첫 모임이 열렸던 바로 그곳이었다. 프린스턴대학에서는 데이비드 윌킨슨과 노엄 자로식, 라이먼 페이지가 참석했고 고다드에서는 척 베넷과 COBE 팀의 멤버였던 존 매더와 마이크 하우저 그리고 엔지니어인 데이브 스킬먼이 참석했다. 스킬먼은 윌킨슨이 궁금해하던 거의 모든 질문에 답을 주었다.

모임은 아주 성공적이었고, 이를 기반으로 윌킨슨과 베넷이 중심이 되어 새로운 우주배경복사 관측 위성 팀이 구성되었다. 새로운 프로젝트를 NASA에 제안하기 위해서는 반드시 주 연구자Principal Investigator, PI가 있어야만 했다. 베넷은 윌킨슨이 적임자라고 생각했지만, 그가 PI가 되기를 원하지 않을 것도 알고 있었다. 베넷이 보기에 윌킨슨은 COBE 팀에서 함께 일했던 조지 스무트와는 정반대였다. 윌킨슨은 합리적이고 효율적이고 실용적이며 놀라울 정도로 겸손했다. 결국 마이크 하우저의 추천과 데이비드 윌킨슨의 적극적인 동의로 척 베넷이 새로운 팀의 PI가 되었다.

팀 구성에 대한 베넷과 윌킨슨의 의견은 완벽하게 일치했다. 실제로 일을 할 사람만으로 팀을 구성하자는 것이었다. 큰 규모의 프로젝트가 진행될 때 흔히 생기는 경우는 초기에 관심을 가지고 참여했다가 막상 실제로 일이 시작되면 다른 일을 해야 한다는 이유로 이름만 올려놓은 채 빠지는 것이었다. 그 대표적인 경우가 COBE 프로젝트였다.

베넷과 윌킨슨은 팀원 후보 목록을 만들어서 한 명씩 검토했다. 다른 프로젝트 때문에 바쁜 사람은 아무리 능력이 있어도 제외시켰다. 노엄 자로식과 라이먼 페이지는 당연히 첫 번째로 포함되었다. 존 매더도 포함되었으나 허블 우주망원경의 뒤를 이을 차세대 우주망원경 프로젝트에 참여하게 되어 빠졌다. 베넷은 COBE 자료 분석에 탁월한 능력을 보인 게리 힌쇼를 끌어들였다. 여기에 페이지와 우주배경복사 연구를 같이 했던 스티브 마이어와 COBE DMR 자료를 가장 먼저 분석하는 데 성공했지만 조지 스무트의 반대로 발표하지 못했던 네드 라이트가 합류했다. 네드 라이트는 이론과 소프트웨어 및 하드웨어 모두에 정통한 보기 드문 사람이었다. 베넷과 윌킨슨은 네드 라이트에 대해서 거의 똑같이 판단하고 있었다. 뭔가가 잘 안 된다고 하면 그는 밤을 새워서라도 가능한 방법을 찾아낼 사람이었다.

베넷과 윌킨슨이 구성한 팀은 당시 우주배경복사 연구 분야에서는 드림팀이라고 할 수 있었다. 하지만 아무리 훌륭한 팀을 구성하더라도 NASA의 지원을 받지 못하면 소용이 없다. 초기 연구비는 베넷이 고다드 우주 연구소에서 지원받을 수 있었다. 고다드 우주 연구소는 소속 과학자들에게 흥미 있는 주제를 자유롭게 탐구할 수 있도록 새로운 프로젝트에 자금을 지원하는 데 인색하지 않았다. 하지만 그 자금은 초기 연구를 수행할 수준이었다. 우주로 관측 위성을 보내기 위해서는 반드시 NASA의 지원을 받아야만 한다.

NASA의 지원을 얻어내기 위해서는 여러 방면으로 노력해야 하지만, 그중에서 가장 중요한 것은 역시 프로젝트의 이름을 정하는 것이었다. 내용을 전문적으로 이해하지 못한 사람에게 프로젝트의 의미를 쉽고 직관적으로 알려줄 수 있는 가장 좋은 방법은 간결하고도 인상에 남는 이름을 붙이는 것이다. 잘 지은 이름 하나는 백 마디 설명보다 더 좋은 효과를 거둘 수 있다. 베넷은 여러 아이디어를 종합한 끝에 초단파 비등방성 탐사선이라는 의미의 MAP Microwave Anisotropy Probe을 제안했다.

모든 사람들이 기꺼이 동의했다. 그들이 하고자 하는 일은 단순히 우주배경복사를 관측만 하는 것이 아니라 전 하늘의 우주배경복사 '지도'를 그리는 것이었다. MAP은 누구나 아는 쉬운 단어이면서 하고자 하는 일을 명확하게 설명하는 이름이었다. 베넷은 이렇게 회상했다. "완벽한 이름이었어요. 한 가지 작은 문제는 비등방성anisotropy이라는 단어의 뜻을 아는 사람이 아무도 없고, 심지어는 어떻게 발음하는지도 모른다는 것뿐이었죠."(R15)

베넷과 윌킨슨은 MAP 팀에 순수 이론천문학자가 필요하다고 생각했다. 기존 멤버들도 대부분 이론에 능통했지만, 우주배경복사에서 가장 유용한 정보를 얻기 위해서는 특히 어떤 관측을 해야 하는지 분명하게 하려면 좀 더 이론에 밝은 사람이 필요하다는 생각이었다. 베넷이 추천한 사람은 데이비드 스퍼겔이었다. 윌킨슨과 페이지도 그를 잘 알고 있었다. 윌킨슨과 페이지는 물리학과였고 스퍼겔은 천문학과였기 때문에 직접 만날 기회는 많지 않았지만, 같은 프린스턴대학에서 이론천문학자로서 데이비드 스퍼겔의 명성은 충분히 알려져 있었다.

사실 스퍼겔은 빅뱅과 인플레이션으로 대표되는 우주론의 표준 모형에 반대하는 이론의 대표 주자였다. 그는 케임브리지대학에 있는 닐 투록과 함께 별과 은하가 양자 요동에서부터 만들어진 것이 아니라, 우주가 어떤 에너지 상태에서 다른 에너지 상태로 바뀔 때 생긴 흠집에서 만들어졌다는 이론을 주장했다. 그러나 COBE DMR이 보여준 자료는 이 이론과 맞지 않았다. 스퍼겔은 기자와의 인터뷰에서 밝은 목소리로 웃으며 말했다. "제 이론은 끝났어요."

자신이 좋아하는 이론에 집착하다가 다음 단계로 나가지 못하는 과학자들이 간혹 있는 반면, 스퍼겔의 이런 '쿨한' 태도는 다른 사람들에게 좋은 인상을 주기에 충분했다. 스퍼겔은 객관적인 관측 결과를 받아들이는 데 그치지 않고, 새로운 발견으로 어떤 과학적 사실을 더 알아낼 수 있는지 논의하기 위해서 COBE DMR 발표 직후에 그 의미를 연구하는 워크숍을 조직하기까지 했다. 데이비드 윌킨슨, 라이먼 페이지, 척 베넷 모두 그 워크숍에 참가했던 사람이었다.

스퍼겔이 합류한 MAP 팀은 1994년 6월 20일 고다드 우주 비행 센터에 다시 모였다. 이제 새로운 우주배경복사 관측 위성이 해야 할 일을 명확하게 정리할 때였다.

새로운
관측 위성

새로운 우주배경복사 관측 위성을 설계하는 데 가장 중요한 사항은 어떠한 종류의 관측 기기를 사용할지 결정하는 것이었다. 이를 위해서는 정밀도, 안정성, 냉각 방법, 크기와 무게, 전체적인 비용 등 여러 가지 요소를 고려해야만 했다. 우주배경복사의 미미한 신호를 가장 효과적으로 잡아내기 위해 MAP 팀에서 고려했던 기기는 볼로미터bolometer와 HEMThigh electron mobility transistor라는 전자 증폭기였다.

볼로미터는 입사된 전자기파가 열을 만들어내면 그 열을 측정하는 방식이고, HEMT는 전자기파가 일으키는 전자의 이동을 이용하여 세기를 측정하는 방식이다. 두 기기를 모두 사용해본 적이 있는 라이먼 페이지는 HEMT를 추천했다. 전반적으로 HEMT가 안정성, 냉각 방법, 크기와 무게, 전체적인 비용에서 유리했다. 볼로미터의 장점은 정밀도가 더 뛰어나다는 것이었다. 그런데 MAP 팀의 목표는 우주배경복사의 절대적인 세기를 측정하는 것이 아니라 상대적인 변화를 측정하는 데 있기 때문에 정밀도가 가장 중요한 요소가 아니었다. 그래서 여러모로 적합한 HEMT가 관측 기기로 선택되었다.

관측 위성이 관측하는 전자기파가 실제로 우주배경복사인지 판단하기 위해서는 여러 주파수대를 살펴야 한다. 우리은하 같은 다른 요인 때문에 발생하는 전자기파는 특정 주파수대에서 더 강하게 관측되기 때문에 모든 주파수대에서 세기의 차이가 크게 나지 않는 우주배경복사와 구분될 수 있기 때문이다. MAP 팀은 게리 힌쇼의 시뮬레이션 결과에 따라 5개의 주파수대가 가장 적절하다고 판단했다.

관측 위성은 편광에 의한 효과도 구분할 수 있어야 한다. 전자기파는 진행 방향과 수직한 방향으로 진동을 한다. 원래 전자기파는 진행 방향과 수직한 모든 방향으로 진동하지만, 어떤 이유에 의해서 한 방향으로만 진동한다면 그 전자기파는 편광되었다고 한다. 예를 들어 편광 선글라스는 유리에 가는 줄을 만들어 그 방향으로 진동하는 빛만 통과시켜 눈으로 들어오는 빛의 양을 줄여준다.

우주배경복사의 편광은 우주의 역사에서 '재이온화'reionization 시기의 정보를 담고 있다. 앞에서 설명한 것처럼 우주배경복사는 우주 탄생 38만 년 뒤 이온으로 존재하던 원자핵과 전자가 결합하여 중성의 원자가 되면서 빛이 빠져나온 것이다. 이후 한참 동안 그 상태로 있던 원자들에서 다시 전자가 떨어져 나가 이온화된 때를 재이온화 시기라고 한다. 이때가 바로 우주 최초의 별들이 만들어진 시기다. 우주 최초의 별들은 질량이 매우 크고 매우 뜨겁기 때문에 강한 자외선을 많이 방출한다. 이 자외선에 의해 수소 원자에 있던 전자가 떨어져 나가 이온화된 것이다.

전자기파는 편광 선글라스처럼 가는 줄을 통과할 때도 편광이 되지만 어딘가에 부딪혀 반사될 때도 편광이 된다. 떨어져 나온 전자에 부딪힌 전자기파 역시 편광이 되고, 우주배경복사에 그 흔적을 남긴다. 전자에 부딪혀 편광된 전자기파는 특별한 성질을 가지고 있기 때문에 구분되고, 이를 통해 재이온화가 언제 어떻게 일어났는지 알아낼 수 있다.

우주배경복사의 편광 관측은 매우 어렵기 때문에 자세한 관측은 힘들지만 MAP 팀은 적어도 대략적인 자료라도 얻을 수 있기를 바랐다. 당장의 결과가 많지 않더라도 기초 자료를 만들어놓는 것은 앞으로의 연구에 아주 중요하기 때문이다.

새로운 관측 위성의 목적은 하늘 전체의 우주배경복사 지도를 만드는 것이었다. 게리 힌쇼는 이 목표를 달성하기 위해 어떤 준비를 해야 할지 시뮬레이션을 했다. 관측 기기는 몇 대나 있어야 하며 어떻게 배치해야 하는지, 위성은 어떻게 회전해야 하며 어떤 궤도가 가장 적합한지 등이었다.

COBE는 애초에 우주왕복선에 실려 발사될 예정이었기 때문에 지구에 상당히 가까운 궤도에 있도록 설계되었다. 우주왕복선에서 찍은 지구 사진을 보면 그 궤도에서 지구가 얼마나 크고 밝게 보이는지 잘 알 수 있다. 그래서 COBE는 언제나 하늘의 절반을 차지하는 지구의 반대 방향으로만 관측해야 했다. 게다가 태양도 피해야 했으므로 한 번에 관측할 수 있는 하늘의 영역이 크게 제한될 수밖에 없었다.

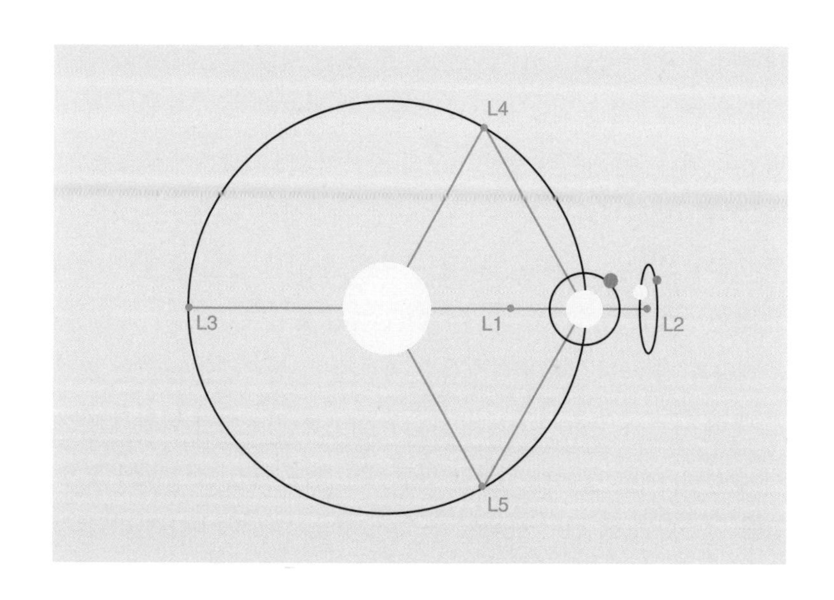

태양-지구 시스템의 5개 라그랑주 점.
관측 위성이 자리 잡기에 가장 좋은 곳은 L2다.
지구에서는 150만 킬로미터 떨어져 있다.(그림 2, NASA)

MAP 팀은 이런 제한에서 벗어날 수 있기를 원했다. 그래서 처음에는 이심률이 매우 큰 타원궤도를 생각했다. 이 궤도에서는 지구에 가까이 다가오는 짧은 기간을 제외하고는 대부분 지구에서 멀리 떨어져 있기 때문에 전 하늘을 관측하기에 큰 문제가 없다. 하지만 그들은 곧 이보다 훨씬 더 좋은 위치를 찾아냈다. 라그랑주 점Lagrangian points이었다.

라그랑주 점은 18세기 프랑스의 수학자 조셉-루이스 라그랑주의 이름을 딴 것으로, 질량이 작은 물체가 질량이 더 큰 2개의 물체에 대해서 일정한 패턴으로 궤도를 돌 수 있는 지점이다. MAP의 경우 질량이 큰 2개의 물체는 태양과 지구이며 질량이 작은 물체는 MAP 위성이 된다. 이곳은 태양과 지구의 중력이 MAP 위성이 궤도를 돌 때 생기는 원심력과 정확하게 같아지는 지점이다. 라그랑주 점은 모두 5개가 있는데, 태양과 지구를 연결한 선 위에 있는 세 점L1, L2, L3은 불안정하고 나머지 두 점L4, L5은 안정된 곳이다.(그림 2)

태양과 지구 시스템의 라그랑주 점 가운데 천체관측을 위한 위성이 자리 잡기에 가장 좋은 곳은 L2다. 이곳은 지구에서 비교적 가까워 통신이 쉽고, 태양과 지구가 항상 같은 방향에 있어서 반대쪽 하늘을 아무런 방해 없이 관측할 수 있기 때문이다. MAP이 자리 잡기에 가장 적합한 곳도 여기였고, 이후에 발사된 또 다른 우주배경복사 관측 위성인 플랑크도 여기에 자리 잡았으며, 차세대 우주망원경인 제임스 웹 우주망원경 역시 여기에 위치할 예정이다. 다만 이곳은 L4와 L5에 비해 불안정하기 때문에 주기적으로 위성의 위치와 자세를 바로잡아주어야 한다.

L2는 태양과 지구를 연결한 선 위에 있기 때문에 태양과 지구가 항상 같은 방향에 있다. 그래서 여기에서는 전체 하늘의 3분의 1 이상이 관측 가능하다. 또한 지구와 함께 태양 주위를 공전하기 때문에 1년이 지나면 전체 하늘을 모두 관측할 수 있게 된다. 더구나 지구에서 150만 킬로미터나 떨어져 있기에 지구에서 방출되는 복사나 자기장 같은 다른 원인에 의한 방해도 거의 없다.

지구와 태양 사이에 있는 L1에는 태양 관측 위성인 SOHOSolar and Heliospheric Observatory Satellite가 자리 잡고 있다. L4와 L5는 지구에서

너무 멀기 때문에 위성을 보내기에 적합하지 않다. 이 두 지점은 매우 안정된 곳이기 때문에 태양과 목성 시스템의 L4와 L5에는 많은 소행성이 자리 잡고 있다. 이를 트로이 소행성Trojan Asteroids이라고 한다. 이 지점에 있는 가장 큰 3개의 소행성 이름이 트로이전쟁의 영웅인 아가멤논, 아킬레스, 헥토르이기 때문에 붙여진 이름이다.

태양의 반대편에 위치한 L3는 관측 위성이 자리하기에는 가장 부적합한 곳이다. 항상 태양에 가려져 있기 때문이다. 그러다 보니 태양 뒤에 숨어 있는 L3에 위치한 가상의 행성은 종종 SF 소설의 소재가 되기도 한다.

MAP의 제안서는 1995년 12월에 제출되었다. 우주배경복사 관측 제안은 MAP 외에도 JPL과 칼텍에서 낸 2개가 더 있었다. 공식 발표는 1996년 4월에 했다. MAP이 선정된 가장 중요한 이유는 안정적인 기술을 사용한다는 것과 비용이 적게 든다는 것이었다. MAP의 발사 스케줄은 4년 반 뒤인 2000년 11월로 정해졌다.

4년 반의 스케줄은 위성을 만들기에는 너무나 빠듯했다. 그 기간 동안 소규모인 MAP 팀은 쉬는 날도 없이 일했다. 2000년 가을 MAP은 일정에 맞춰 진행되어 최종 테스트를 시작했다. COBE에서 베넷과 함께 일했던 앨런 코것이 테스트를 맡았다.

MAP은 엄청난 저온과 진동에 노출되고, 무수한 초단파 신호와 막대한 규모의 음파 폭격을 받았다. MAP의 과학 팀은 중간중간 기기들이 제대로 작동하는지 확인했다. 테스트에는 거의 문제가 없었지만 엉뚱한 곳에서 문제가 터졌다. 정찰위성을 만들고 운영하는 회사에서 납품한 부속품에 문제가 생긴 것이었다. 이를 해결하는 데 4개월

이 걸렸다. 이 문제는 NASA에서도 이해해줄 수 있는 것이었다. 베넷은 이 기간만 제외하면 자신들은 기한을 거의 맞추었고, 자랑스러워할 만한 일이라고 말했다. MAP의 발사는 2001년 4월로 결정되었다.

데이비드 윌킨슨의 주도로 첫 모임을 열고 MAP이 발사되기까지 8년 반의 시간이 흘렀다. 그사이 우주배경복사는 천문학에서 인기 있는 주제가 되어 많은 사람들이 여러 방법으로 연구를 진행하고 있었다.

COBE 이후 우주배경복사 연구에서 가장 중요한 것은 1도 이내의 높은 해상도로 우주배경복사를 관측하는 일이었다. 전 하늘 관측은 위성을 사용하지 않고는 불가능하지만 일부 영역만을 관측하는 것은 지상에서나 풍선을 이용해서 시도할 수 있었다.

실제로 지상 망원경과 풍선을 이용한 많은 관측이 시도되었고, MAP의 팀원이기도 한 라이먼 페이지가 이끄는 팀은 1도보다 높은 해상도로 우주배경복사를 관측한 결과를 논문으로 발표하기도 했다. 매우 의미 있는 결과였지만, 이어진 관측에서는 이렇다 할 결과를 얻지 못했다. MAP으로서는 다행히도 MAP의 의미를 약화시킬 정도의 결정적인 결과는 나오지 않았다.

우주론 분야에서 결정적인 놀라운 결과는 우주배경복사가 아닌 다른 곳에서 나왔다. MAP이 한참 제작되던 1998년에 초신성을 관측해서 우주의 팽창 속도 변화를 조사하던 두 그룹이 서로 독립적으로 우리 우주의 팽창 속도가 점점 빨라지고 있다는 결과를 발표한 것이다.

빅뱅으로 팽창을 시작한 우주는 우주 내부에 존재하는 물질과 에너지의 중력 때문에 팽창 속도가 점점 줄어들 것임이 그때까지 거의 대부분의 우주론 학자들이 믿던 내용이었다. 그런데 우주의 팽창 속도가 줄어들지 않고 점점 빨라지고 있다면 우주의 중력을 이기고 우주를 팽창시키는, 눈에 보이지 않는 어떤 에너지가 있다고 생각할 수밖에 없다. 이 에너지는 아무것도 없는 빈 공간에서 나오는데 중력에 반대되는 힘으로 작용한다. 과학자들은 이 미지의 에너지에 '암흑에너지'Dark Energy라는 이름을 붙였다.

역시 정체를 모르지만 은하에서 별들이 탈출하지 않도록 붙잡아주고 우주 초기에 보통 물질보다 먼저 뭉치기 시작하여 별과 은하가 만들어지는 데 중요한 역할을 한 암흑물질에 대응시킨 이름이었다. 이름은 비슷하지만 하는 일은 정반대다. 암흑물질은 끌어당기는 중력으로 작용하고 암흑에너지는 중력에 반대되는 밀어내는 힘으로 작용한다.

암흑에너지가 존재한다는 것은 우리 우주를 구성하는 성분에 대해서 완전히 새롭게 생각해야 함을 의미한다. 우주 가속 팽창의 발견은 우주론의 역사에서 우주배경복사와 비등방성의 발견 못지않은 중요한 일로 여겨진다. 실제로 우주 가속 팽창을 발견한 두 팀은 2011년 노벨 물리학상을 공동 수상했다. (우주 가속 팽창의 발견 과정과 의미에 대해 관심 있는 분은 나의 책 『우주의 끝을 찾아서』를 참고하기 바란다.)

우주 가속 팽창의 발견은 초신성 관측에서 최고의 경험과 실력을 가진 두 팀이 독립적으로 발견한 것이었고, 1998년 〈사이언스〉지가

'올해의 발견'으로 선정할 정도로 신뢰받는 결과이긴 했지만 우주론의 모든 부분에 영향을 미치는 너무나 중요한 발견이었기 때문에 충분한 검증이 필요했다.

그 검증은 더 많은 초신성을 관측하는 쪽으로 이루어졌지만, 우주배경복사 관측으로도 이루어질 수 있었다. 특히 MAP이 1도 이내의 높은 해상도로 우주배경복사를 정밀하게 관측한다면 우주 가속 팽창의 사실 여부를 검증할 수 있었다. 이는 초신성 관측과는 독립적인 방법으로 검증하는 것이기 때문에 발견의 신뢰도를 높이는 데 중요한 역할을 할 수 있었다. 우주론 학자들은 MAP의 결과에 많은 기대를 걸었다.

2001년 6월 30일 오후 3시 47분, MAP은 플로리다에 있는 케이프 커네버럴 발사대에 놓여 있었다. 발사 가능 시간은 20분이고, 앞으로 4일간 같은 시각에 20분 동안의 발사 기회가 있다. 이 기회를 놓치면 2주를 기다려야 한다. L2까지 가는 연료를 최소화하기 위해서 MAP은 달의 중력을 슬링샷slingshot처럼 이용하기로 했다. 달 방향으로 세 번의 타원운동을 한 다음 목적지를 향해 날아가는 것이다. 이런 복잡한 경로를 맞추기 위해서는 달이 특정한 위치에 있어야 하고 지구에서 달을 향하는 방향도 정해져 있기 때문에 아무 때나 발사할 수 있는 것이 아니다.

L2에 도착한 MAP은 주기적인 궤도운동을 하게 되는데 이것을 리사주 궤도Lissajous Orbit라고 한다. L2의 위치는 상대적으로 불안정하기 때문에 이를 유지하기 위해서는 1년에 네 번씩 궤도를 조정해야

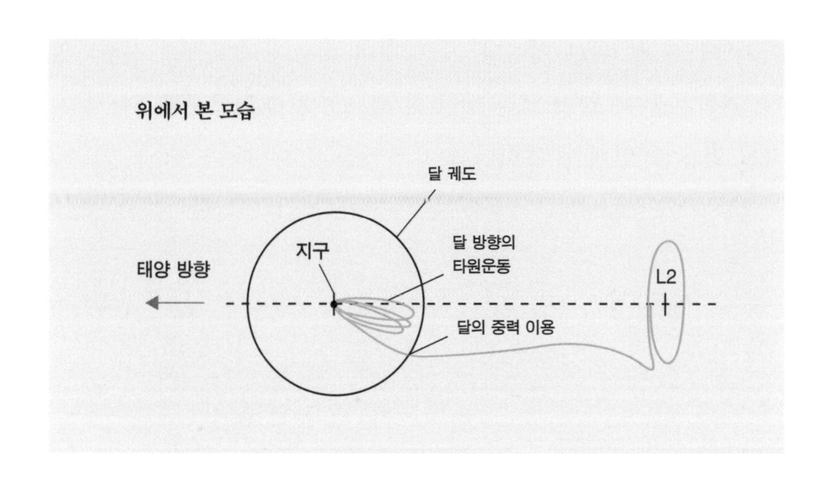

WMAP이 날아간 궤적. 지구-달 사이에서 세 번의 타원운동을 한 다음
L2로 날아가 리사주 궤도를 돈다.(그림 3, NASA)

한다.(그림 3)

델타 로켓에 실린 MAP의 발사는 첫 번째 날에 성공적으로 이루어졌다. 발사된 지 1시간 뒤에 MAP의 신호가 잡혔다. MAP이 정해진 경로대로 잘 움직인다는 사실이 확인된 7월 4일 척 베넷은 응급실로 실려가 쓸개 제거 수술을 받았다. 의사는 적어도 한 달은 휴식을 취해야 한다고 했지만 그럴 수는 없었다.

MAP이 달과 지구 사이에서 세 번의 타원운동을 하는 데는 한 달 정도 걸린다. 그리고 8월 초에 MAP은 L2 지점에 도착할 것이다. 그렇다고 그동안 그냥 기다리기만 하는 것이 아니다. MAP은 이동하는 내내 2분에 한 바퀴씩 회전하며 1초에 50장씩 140도 떨어진 두 지점의 초단파 사진을 찍는다. 실제 자료를 수집하는 것은 아니고 기기 테스트를 위한 것이다. 모든 것이 너무나 순조롭게 진행되었다. 과학자들은 COBE보다 20년 더 새로운 기술로 우주배경복사 자료를 얻을 수 있게 된 것이다.

놀랍지 않은 놀라운 결과

MAP은 2001년 8월 10일부터 본격적인 관측을 시작했다. MAP 팀은 2002년 8월 9일까지 1년간의 관측 자료를 분석하여 첫 번째 결과를 발표하기로 했다. 1년 동안 MAP은 전 하늘을 두 번 관측할 수 있었다. 모든 팀원이 자료 분석으로 한창 바쁜 8월 말, 데이비드 윌킨슨이 입원을 했다. 20년간 앓아온 지병인 림프종 때문이었다. 2002년 9월 5일 윌킨슨은 67세의 나이로 세상을 떠났다.

윌킨슨은 1960년대에 펜지어스와 윌슨의 우연한 발견이 아니었다면 최초로 우주배경복사를 관측했을 가능성이 가장 높은 사람이었다. 천문학자이면서 관측 기기 개발에도 뛰어난 능력을 가졌던 윌킨슨은 COBE에서 가장 중요한 기기인 DMR의 책임자가 되어달라는 NASA의 제안을 거절했고, 그 역할은 조지 스무트에게 돌아갔다. 사실 윌킨슨은 두 번의 노벨상 수상 기회를 놓치거나 거절한 것이다.

윌킨슨이 COBE에 참여하지 않은 이유는 프로젝트의 규모가 너무 커져서 자신이 직접 기기 제작과 연구에 참여하기가 어렵다고 판단했기 때문이다. 그래서 MAP은 천문학과 기기 개발을 함께 수행할 수 있는 과학자들을 중심으로 가능한 한 소규모의 팀을 꾸린 것이었다. MAP 프로젝트는 윌킨슨이 없었다면 시작하지도 못했다는 데 이의를 제기할 사람은 아무도 없을 것이다.

윌킨슨은 뛰어난 능력을 가졌으면서도 매우 겸손하고 성실했으며, 후배 과학자들에게 훌륭한 멘토 역할을 수행하여 여러 사람들의 존경을 받았다. 프린스턴대학 교회를 가득 메운 상태에서 거행된 그의 장례식에는 21명이 자발적으로 추도사를 했다. 그나마 다행인 점은 세상을 떠나기 직전 1년 동안의 MAP 관측 자료를 볼 수 있었다는 것이었다. 그는 결과에 매우 만족했다고 한다.

팀원들은 만장일치 투표로 NASA에 MAP의 이름을 수정해달라는 요청을 했고 NASA는 기꺼이 승낙했다. 마침 아직 대외적으로 발표되지 않았던 MAP의 공식적인 이름은 윌킨슨의 이름이 들어간 WMAPWilkinson Microwave Anisotropy Probe으로 바뀌었다. 윌킨슨을 잘 아는 사람들은 그가 노벨상보다도 이 이름에 더 기뻐할 것이라고 확신했다.

팀원들은 슬픔에 싸여 있을 겨를도 없이 자료 분석에 몰두했다. WMAP의 자료는 하나도 빠짐없이 모든 사람들에게 공개될 예정이었다. 이것은 NASA의 기본 정책이었고 천문학계의 오랜 전통이었다. 천문학계에서는 누가 어떤 기기로 관측을 했든 최초 1~2년간의 독점 기간이 지나면 모든 자료를 공개하는 것이 원칙이다. 천문학에서는 자료 조작 같은 일이 일어날 수가 없고, 분석 과정의 실수도 금방 드러날 수밖에 없는 구조인 것이다. WMAP 팀 입장에서는 자료가 공개된 뒤 누군가가 그들이 미처 발견하지 못한 오류를 찾아낸다는 것은 용납될 수 없는 일이었다. 그런 일이 벌어지지 않으려면 자료 분석에서 단 하나의 실수나 빠뜨리는 것이 있어서는 안 되었다.

베넷은 2003년 1월 초에 공식 발표를 하고 싶었지만 자료 분석에 시간이 더 걸려 1월 말로 연기되었다. 그런데 1월 28일에는 부시 미국 대통령의 연설이 예정되어 있었다. 만일 이때 이라크와의 전쟁이 선포된다면 WMAP의 발표는 아무런 주목을 받지 못할 가능성이 컸다. 그래서 공식 발표는 이보다 일주일 후인 2월 6일로 결정되었다. 그 전에 전쟁이 일어날지 예측하는 것도 어려웠지만, 우주왕복선 컬럼비아호가 발표 예정 5일 전에 착륙 도중 폭발하리라고는 아무도 예상하지 못했다. 이 사고로 탑승한 우주비행사 7명 전원이 목숨을 잃었다.

WMAP 결과의 첫 번째 공식적인 발표는 다시 연기되어 2003년 2월 11일에 이루어졌고 WMAP이 1년간 관측한 모든 자료가 공개되었다. WMAP 팀은 같은 날 〈천체물리학 저널〉에 13편의 논문을 제출했다. 여기에는 COBE의 결과보다 해상도가 월등히 뛰어난 전 하늘의 우주배경복사 사진이 포함되어 있었다.(그림 4)

언론의 폭발적인 관심 같은 것은 없었다. WMAP의 결과가 우주론의 표준 모형과 달랐다면 대단한 뉴스가 되었겠지만 그런 일은 일어나지 않았다. 우주론의 표준 모형은 빅뱅과 인플레이션, 빅뱅 직후 생성된 가벼운 원소들의 함량비, 온도가 높지 않은 차가운 암흑물질 그리고 여기에 1998년 이후에 등장한 암흑에너지로 구성되어

WMAP이 관측한 우주배경복사.
이 사진은 1년간의 관측 자료가 아니라 최종 자료로 만든 것이지만,
보기에는 거의 차이가 없다.(그림 4, NASA)

있다.

WMAP은 우주론의 표준 모형을 뒤집을 수 있는 어떤 증거도 발견하지 못했다. 대신 그동안 대략적으로만 알고 있던 물리량들을 정확하게 알려주었다. 우주의 나이는 더 이상 120억 년에서 150억 년 사이가 아니라 137억 년이 되었다. 우리 주변에 있는 평범한 보통 물질은 우주 전체의 4.4퍼센트만을 차지할 뿐이고, 암흑물질이 22퍼센트, 암흑에너지가 73퍼센트를 차지하고 있다. 전체 합이 100퍼센트가 되지 않는 이유는 보통 물질의 양에 비해 암흑물질과 암흑에너지의 양이 오차가 더 크기 때문이다. 우주의 물질-에너지 밀도 Ω는 1과 거의 같아서 편평한 우주라는 사실을 알려주었다. 이것은 인플

레이션이 실제로 일어났다고 볼 가능성이 크다는 것을 의미한다.

현재 우주의 팽창 속도를 알려주는 허블 상수는 71km/s/Mpc으로 밝혀졌다. 지구에서 100만 파섹326만 광년 멀어질 때마다 은하가 멀어지는 속도가 초속 71킬로미터씩 커진다는 의미다. 편광 관측을 통해 우주 최초의 별이 만들어진 재이온화 시기는 우주의 나이가 약 2억 년일 때로 밝혀졌다. 이것은 예측과 가장 크게 차이가 나는 값이었다. 지금까지는 대부분 우주의 나이가 약 10억 년일 때 최초의 별이 만들어졌을 것이라고 예측했다. 그러나 이 결과는 불확실해서 나중에 수정되었다. 우주배경복사가 방출된 것이 빅뱅 이후 30만 년 근처가 아니라 약 38만 년이라는 것도 WMAP이 알아낸 결과였다.(R16, R17)

일반인들에게 WMAP의 결과는 신의 얼굴을 본 것도 아니고 성배도 아니었다. 하지만 우주론을 연구하는 과학자들에게는 중요한 의미를 가진다. 과학 연구에서 어떤 것이 사실이라고 믿는 것과 실제로 확인하는 것 사이에는 큰 차이가 있다. 얼마 전 최초로 검출에 성공한 중력파 역시 대부분의 과학자들은 존재를 믿고 있었지만, 믿음과 실제로 검출하여 확인하는 것 사이의 의미 차이는 매우 크다.

WMAP은 우주론 연구자들이 20퍼센트의 정확도로 알고 있던 값들을 2퍼센트 이내로 정확하게 알려주었다. 우주론을 보다 깊이 연구할 수 있는 튼튼한 기반을 제공한 것이다. 과학자들의 연구 결과는 논문으로 발표되며 그것이 얼마나 중요한지는 흔히 인용 횟수로 평가된다. WMAP의 첫 번째 결과를 발표한 논문 중 우주의 물리량을 구하는 과정에 대한 데이비드 스퍼겔이 주저자인 논문(R17)은 물리학 분야에서 가장 많이 인용된 것 중 하나로, 지금까지 8천 회가 넘었다.

예상대로 많은 우주론 학자들이 WMAP의 자료를 직접 분석했다. 관측 자료의 공개는 연구 결과를 검증하는 아주 경제적이고 합리적인 시스템이기도 하다. 당연히 WMAP 팀의 작은 실수라도 찾아내려는 시도가 많이 있었다. 자료 공개 전, 짧은 시간 안에 자료를 분석하다 보니 실수가 나올 가능성도 충분히 있기 때문이다. 처음에는 여러 가지 문제 제기가 나왔지만 시간이 지나면서 대부분의 과학자들이 WMAP 팀의 결과가 기본적으로 정확하다는 데 동의했다.

WMAP은 원래 4년간 활동할 예정이었지만 예산을 더 따내어 2010년 10월까지 총 9년 동안 활동했다. 9년간 축적한 자료로 구한 최종 결과는 2013년에 발표되었는데, 자료가 정확해진 만큼 얻어낸 물리량에도 약간의 변화가 있었다.

우주의 나이는 137억 7천만 년으로, 우주배경복사가 방출된 것은 빅뱅 이후 약 37만5천 년으로 수정되었다. 우주의 구성 성분에도 변화가 생겨 보통 물질 4.6퍼센트, 암흑물질 24퍼센트, 암흑에너지 71.4퍼센트로 구해졌다. 우주 최초의 별이 만들어진 재이온화 시기는 우주의 나이가 약 4억 년일 때로 수정되었다. 이것은 WMAP의 우주배경복사 편광 관측이 아직은 부정확하다는 사실을 보여준다.

WMAP은 이전까지 대략적인 추정으로 진행되던 우주론을 정밀한 과학으로 변화시켰다. 우주배경복사 관측으로 우리 우주의 물리량을 알아내는 것은 정밀한 관측과 함께 초기 우주에 대한 이론적인 이해가 있었기 때문에 가능한 일이었다. 우주배경복사 관측으로 어떻게 우주의 물리량을 알아내는지는 조금은 전문적인 내용이지만 대략적으로라도 알아두는 것이 좋을 것 같다.

우주의 소리를 보다

앞에서 설명했듯이 우주배경복사는 우주의 나이가 약 38만 년이 되었을 때, 원자핵과 전자가 결합하여 우주가 투명해지는 순간 빠져나온 빛이다. 빅뱅 우주론에 따르면 우주배경복사는 전 우주에서 균일해야 하지만 완벽하게 균일해서는 안 된다. 우주에 있는 별과 은하가 만들어지기 위해서는 물질들 사이에 미세한 밀도 변화가 있어야 하고 그것은 우주배경복사에서 미세한 온도 차이로 나타나야 한다. COBE가 한 일은 이 미세한 온도 차이를 최초로 관측한 것이었다. WMAP은 이 온도 차이를 좀 더 정밀하게 관측하여 우주의 물리량을 알아냈다. 이를 이해하기 위해서는 우주배경복사가 만들어지는 과정을 좀 더 자세히 들여다볼 필요가 있다.

우주론의 표준 모형에 따르면 인플레이션 직전의 우주에서 불확정성의 원리에 의한 양자 요동이 일어났고, 이 양자 요동이 인플레이션에 의해 급격히 커져서 밀도의 차이가 되었다. 그리고 이 밀도차가 별과 은하를 만드는 씨앗이 되었다. 밀도가 높은 곳에 중력에 의해 더 많은 물질이 모여 별과 은하가 만들어졌다고 쉽게 이해할 수도 있겠지만, 실제 일어난 일은 그렇게 단순하지 않았다.

인플레이션 직후의 우주는 플라즈마 상태의 물질 입자들과 빛이 서로 쉴 새 없이 충돌하고 있는 혼돈의 시대였다. 여기에서 상대적으로 밀도가 높은 곳으로 물질이 모이는데, 물질이 모인다는 것은 중력에 의해 물질이 끌려온다는 말이고, 그렇게 해서 더 많은 물질이 모이면 이 물질은 자체 중력에 의해 수축한다. 그런데 이 우주에는 물질뿐 아니라 빛도 있다. 이 빛은 물질과 쉴 새 없이 충돌한다.

물질이 수축하면 밀도가 더 높아지고, 그러면 이 지점에서 빛은 물질과 더 격렬하게 충돌하게 된다. 이 빛의 충돌은 물질의 수축을 방해하는 압력의 역할을 한다. 물질의 수축이 한계를 넘으면 빛의 충돌에 의한 압력이 수축하는 중력보다 더 커져서 물질을 팽창시킨다. 물질이 팽창하면 압력이 약해지기 때문에 다시 중력으로 수축한다. 이 과정이 반복되어 결국 밀도가 높은 지역은 수축과 팽창을 반복하는 진동을 하게 된다. 이 진동은 원자핵과 전자가 결합하여 빛이 물질과 더 이상 충돌하지 않고 빠져나와 우주배경복사가 되는 순간까지 계속되며, 진동의 흔적이 우주배경복사에 남는다. WMAP이 찾아낸 것은 우주배경복사에 남아 있는 이 진동의 흔적이었다.

이제 조금 더 깊이 들어가서 이 진동의 흔적이 우주배경복사에 어떤 형태로 남게 되는지 살펴보자. 한 가지 예로 시작해보겠다. 잔잔한 호수에 조약돌 하나를 던지면 원형의 파동이 퍼져나간다. 퍼져나가는 파동의 파장은 대체로 조약돌의 크기에 따라 결정된다. 퍼져나가는 파동을 분석하면 그 물결을 일으킨 조약돌의 크기를 역으로

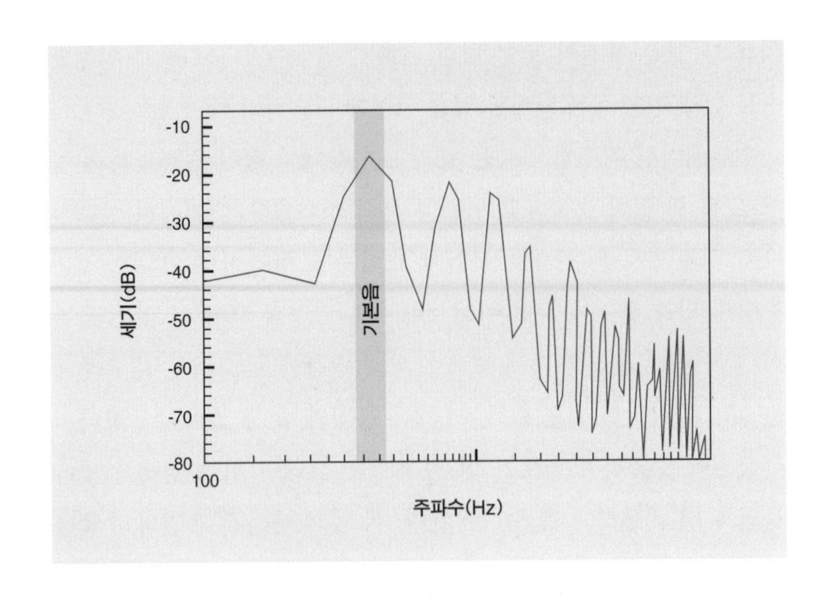

피아노 소리를 조화 분석한 그래프.
각 주파수에서의 세기가 얼마인지 알 수 있다.
가장 크게 기여하는 주파수를 기본음이라고 하고 나머지를 배음이라고 한다.(그림 5, R11)

알아낼 수 있는 것이다.

이번에는 크기가 다른 조약돌 여러 개를 한꺼번에 던지는 경우를 생각해보자. 그러면 여러 파장을 가진 파동이 동시에 생길 것이다. 이렇게 생긴 파동은 서로 겹쳐서 복잡한 모양의 물결이 만들어진다. 그렇다면 이렇게 만들어진 복잡한 모양의 물결을 가지고 던져진 조약돌의 크기와 개수를 역으로 알아낼 수 있을까? 원칙적으로 가능하다. 파동은 서로 섞이더라도 고유의 성질을 그대로 가지고 있기 때문이다. 기본 원리는 여러 주파수가 섞여 있는 악기 소리에서 각 주파수에 따른 소리의 세기를 분리해내는 것과 같다.

예를 들어 피아노 건반을 치면 피아노 안의 작은 망치가 줄을 때려 소리를 낸다. 이때 나오는 소리의 주파수는 줄의 길이에 따라서 정해진다. 그런데 하나의 줄이 하나의 주파수만 가지는 것이 아니라 여러 주파수를 동시에 가진다. 그중에서 전체 소리에 가장 크게 기여하는 주파수를 기본음, 나머지를 배음이라고 한다. 피아노 소리의 음정은 기본음으로 결정되고 소리의 음색은 배음의 분포로 결정된다.

피아노 소리를 분석하기 위해서 각 주파수에 따른 소리의 세기를 분리해볼 수 있다. 특정한 주파수만 선택해서 소리의 세기를 측정하면 어느 주파수에서 세기가 얼마인지 알아낼 수 있을 것이다. 그러면 그 소리에 가장 큰 영향을 미치는 주파수가 어떤 것인지 그리고 다른 어떤 주파수의 소리들이 전체 소리에 영향을 주는지 알아낼 수 있다. 이것을 '조화 분석'harmonic analysis이라고 한다.(그림 5)

이와 같은 방법으로 우주배경복사 사진을 분석할 수 있다. 우주배경복사 사진은 상대적으로 온도가 높은 곳은 붉은색, 낮은 곳은 푸른색으로 표시되어 복잡한 무늬로 표현된다. 붉은색과 푸른색을 이루는 점들의 크기와 모양은 다 다르다. 우리는 이 점들을 호수에 던져진 조약돌이 만든 물결로 생각할 수 있다. 이 점들은 다양한 크기가 겹쳐져서 만들어진 것이다.

우주배경복사에 나타난 이 점들은 무작위가 아니라 우주의 물리량과 연관된다. 그러므로 이것을 우리가 원하는 방향으로 분석해야 한다. 우주배경복사에서 우주의 물리량을 알아내기 위해 우리가 구해야 하는 것은 우주배경복사의 온도 변화로 나타난 점들의 크기

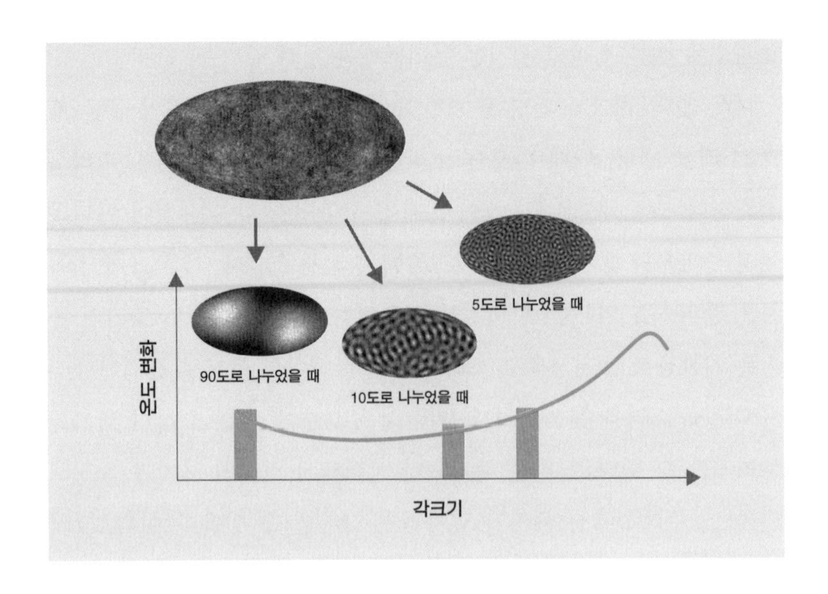

우주배경복사의 파워 스펙트럼을 구하는 방법.
전체 영역을 점점 작은 영역으로 나누면서 전체 평균 온도와 절대값의 차이를 구한다.
어떤 크기의 점이 온도 변화에 더 큰 영향을 미쳤는지 알아낼 수 있다.(그림 6, R11)

가 어떤 패턴으로 분포하고 있는가다. 어떤 크기의 점이 온도 변화에 가장 큰 역할을 했는지 알아내기 위한 것이다. 호수에 던져진 조약돌 중에서 어떤 크기가 가장 많은지 알아내는 것과 같다고 이해할 수 있다. 점들의 크기를 악기의 주파수로 생각한다면 이것은 여러 주파수의 소리가 섞여 있는 악기 소리에서 각 주파수에 따른 세기를 분리해내는 조화 분석과 같은 방법으로 구할 수 있다.

악기에서는 기계를 이용하여 각 주파수별로 소리의 세기를 구하면 간단하게 조화 분석을 할 수 있지만 우주배경복사의 무늬는 다양한 크기의 점들이 겹쳐져서 만들어진 것이기 때문에 단순히 크기를 재어서는 답을 얻을 수가 없다. 그래서 다음과 같은 방법을 이용한다.

먼저 우주배경복사 전체의 평균 온도를 구한다. 그 값은 당연히 우주배경복사의 온도인 2.735K일 것이다. 이제 사진을 절반으로 나누어 각 영역에서 온도의 평균을 구한다. 우주배경복사가 균일하지 않기 때문에 각 영역의 평균 온도는 전체 평균과 같지 않다. 각 영역의 평균 온도와 전체 평균 온도의 차이를 구하면 분명 한쪽은 양의 값이 나오고 한쪽은 음의 값이 나올 것이다. 그리고 합은 0이 된다. 그런데 우리가 알고 싶은 것은 그 영역의 온도가 높냐 낮냐가 아니라 평균에서 얼마나 차이가 나는가다. 그러므로 중요한 것은 양의 값이냐 음의 값이냐가 아니라 절대값이다. 이 절대값의 평균이 그 크기의 점이 전체 온도 변화에 미친 영향이 된다.

이와 같은 방법으로 사진을 점점 작은 부분으로 나누어 각 영역에서 온도의 평균이 전체 평균에서 얼마나 차이 나는지를 구하면 그 크기의 점이 온도의 변화에 얼마나 영향을 미쳤는지 알아낼 수 있다. 그 결과를 그래프로 그리면 어떤 크기의 점이 온도 변화에 얼마나 영향을 미쳤는지의 정도를 알 수 있는데 이것을 파워 스펙트럼 power spectrum이라고 한다. 결국 어떤 크기의 점이 온도 변화에 가장 중요한 영향을 미쳤는지 알아내려는 것이다.(그림 6)

파워 스펙트럼은 우주배경복사의 무늬 중에서 온도 변화에 가장 중요한 역할을 한 크기의 점이 어떤 점인지 알아내는 것이다. 그런데 이는 실제로 특정한 크기의 점이 온도 변화에 중요한 역할을 했을 때 의미가 있다. 만일 점들의 크기가 무작위라면 파워 스펙트럼을 구해봐야 아무것도 얻을 수 없다. 그러니까 우주배경복사의 파워 스펙트럼을 구한다는 것은 우주배경복사의 무늬에 특정한 패턴이 있음을 전제로 한다. 우주배경복사의 무늬에 특정한 패턴이 있다는 것은 우주배경복사를 만드는 물리적 과정에 어떤 규칙성이 있다고 볼 수 있다. 우주배경복사가 만들어질 때 어떤 규칙성이 있는지 이해하기 위해서 우주배경복사가 만들어지는 과정을 다시 한 번 들여다보자.

초기 우주에서 밀도가 높은 영역은 중력에 의해 물질들이 모이지만, 계속 모이기만 하는 것이 아니고 빛의 압력 때문에 팽창과 수축을 반복한다고 했다. 밀도가 높은 영역의 크기는 매우 다양했기 때문에 초기 우주에는 팽창과 수축을 반복하는 다양한 크기의 진동이 일어나고 있었을 것이다. 여기서 중요한 점은 이 진동이 원자핵과 전자가 결합하여 빛이 물질과 더 이상 충돌을 하지 않고 빠져나와 우주배경복사가 되는 순간에 끝났다는 것이다.

수축하던 순간에 진동이 끝났다면 이 영역은 높은 온도가, 팽창을 하던 순간에 진동이 끝났다면 낮은 온도가 되었을 것이다. 그렇다면 우주배경복사의 무늬에서 붉은색은 수축을 한 영역이고 푸른색은 팽창을 한 영역이라고 볼 수 있다. 수축하던 도중이나 팽창하던 도중에 진동이 끝났다면 그곳의 밀도는 평균값과 큰 차이가 없을 것이다. 결국 온도 변화의 정도에 기여하는 지점은 수축 상태나 팽창 상태에서 끝난 진동들이다. 그러므로 여기에서 어떤 규칙성을 찾을 가능성이 충분히 있다.

온도 변화에 기여하는 지점들 중에서 그 영역의 크기가 가장 큰 것은 어떤 경우에 나타날지 생각해보자. 수축과 팽창을 반복하는 여러 개의 덩어리가 있다고 상상한다면, 덩어리의 크기가 크면 진동의 속도가 느릴 것이고 작다면 빠를 것이다. 너무 큰 덩어리들은 진동이 끝나는 순간까지 한 번도 수축하지 못했을 수도 있다. 그러면 이 덩어리의 밀도는 평균과 큰 차이가 없기 때문에 우주배경복사에 무늬를 남기지 못한다. 우주배경복사에 무늬를 남기는 가장 큰 덩어리는 진동이 끝나는 순간에 처음으로 수축이 이루어진 것이다. 이 덩어리가 남긴 영역이 온도 변화에 기여하는 영역 중에서 가장 크기가 큰 부분으로 남을 것이다. 수축을 한 곳이기 때문에 온도가 높은 점으로 남을 것이다. 이 영역의 크기는 우주배경복사의 파워 스펙트럼에서 첫 번째 봉우리로 나타난다.

우주배경복사에 무늬를 남기는 다음으로 큰 덩어리는 그 시간 동안 한 번 수축을 했다가 진동이 끝나는 순간에 팽창을 한 것이다. 이 덩어리의 크기는 앞의 가장 큰 덩어리의 절반이 될 것이다. 이 덩어리가 남긴 영역은 온도 변화에 기여하는 부분 중에서 두 번째로 크기가 큰 영역이 된다. 팽창을 한 곳이기 때문에 온도가 낮은 점으로 남을 것이다. 이 영역의 크기는 우주배경복사의 파워 스펙트럼에서 두 번째 봉우리로 나타난다.

이런 식으로 계속되면 온도 변화에 기여하는 지점의 크기는 아무렇게나 정해지는 것이 아니라 규칙을 가지게 된다. 그러므로 우주배경복사의 파워 스펙트럼은 무작위가 아니라 일정한 규칙이 있다. 그 형태는 악기의 소리를 조화 분석한 것과 비슷하다.

그런데 여기에는 한 가지 중요한 전제가 있어야 한다. 앞에서 설명한 것처럼 초기 우주 플라즈마 덩어리의 진동은 원자핵이 전자와 결합하는 순간에 끝난다. 이것은 우주 전체에서 거의 동시에 일어난다. 이 순간에 처음으로 수축이 이루어진 덩어리가 우주배경복사에서 온도 변화에 기여하는 가장 큰 영역이 된다. 그런데 이런 일이 일어나기 위해서는 이 덩어리들이 모두 같은 순간에 수축을 시작했다는 전제가 있어야 한다. 그래야 동시에 수축을 한 상태에서 진동이 정지될 수 있기 때문이다. 덩어리 크기가 같다 하더라도 수축을 다른 시간에 시작했다면 진동이 끝나는 순간에 같이 수축이 된 상태일 수가 없다.

그렇다면 크기가 같은 이 덩어리들이 모두 같은 순간에 진동을 시작했다는 것을 어떻게 장담할 수 있을까? 다행히도 우리는 여기에 아주 적합한 이론을 가지고 있다. 크기가 같은 덩어리들이 같은 순간에 진동을 시작하게 하는 지휘자의 역할이 바로 인플레이션이다. 인플레이션 이론에 따르면 작은 규모의 양자 요동이 급격한 팽창으로 커져서 우주 전체적인 규모의 요동이 되었다. 이 요동이 밀도의 차이가 되었고 여기에서 플라즈마의 진동이 일어났기 때문에 같은 순간에 진동이 시작된 것이다.

그러므로 우주배경복사의 파워 스펙트럼이 일정한 형태를 가진다는 사실 자체가 우주 초기의 밀도 차이가 인플레이션에 의해 만들어졌다는 간접적인 증거가 된다. 만일 밀도의 차이가 이때가 아니라 이후 계속해서 만들어졌다면 플라즈마 덩어리들의 진동은 서로 다른 시기에 시작되었을 것이고, 그렇다면 우주배경복사의 파워 스펙트럼은 아무런 규칙성을 가지지 못했을 것이다.

결국 우주배경복사의 파워 스펙트럼은 인플레이션 이론의 중요한 증거가 된다. 그런데 이뿐만 아니라 우주배경복사는 우주의 여러 가지 물리량을 알아낼 수 있는 보물 창고와 같다. 이제 우주배경복사의 파워 스펙트럼에서 실제 우주의 물리량을 어떻게 알아내는지 살펴보도록 하자.

우주의 금 캐기

초기 우주에서 플라즈마의 진동이 있었다는 예상은 우주배경복사가 발견된 직후인 1965년 소련의 과학자 안드레이 사하로프에 의해 제안되었다. 사하로프는 소련의 수소폭탄 개발에 핵심적인 역할을 했지만, 이후에는 자유와 인권 운동에 헌신하여 1975년 노벨 평화상을 수상했다. 그의 이름을 딴 사하로프상은 유럽 의회에서 매년 자유와 인권에 이바지한 사람을 선정하여 수여한다.

초기 우주의 진동에 대한 연구가 계속되면서 과학자들은 우주배경복사의 파워 스펙트럼을 통해 우주의 여러 물리량을 정확하게 구할 수 있다는 사실을 깨닫게 되었다. 소리를 분석하여 악기의 종류를 알아낼 수 있듯이 우주배경복사의 패턴을 분석해 우주의 성질을 알아낼 수 있다는 것이었다. 여기에 필요한 이론은 1970년대 초반 프린스턴대학의 제임스 피블스(로버트 디키와 함께 우주배경복사를 예측했던 사람)와 자 유 그리고 소련의 야코프 젤도비치와 라시드 수나예프가 발전시켰다.

방법은 간단하다. 우주배경복사의 파워 스펙트럼을 이론적으로 계산해 관측한 결과와 비교해보는 것이다. 악기의 줄이 어떤 주파수의 소리를 낼지 이론적으로 계산해 실제 기계로 측정한 결과와 비교해보는 것과 비슷하다. 우주배경복사에서 온도 변화의 정도에 기여하는 영역의 크기는 규칙적으로 나타나기 때문에, 이 영역의 크기는 파워 스펙트럼에서 봉우리 모양으로 나타난다. 이 봉우리의 위치와 높이는 초기 우주의 물리적 조건에 따라 매우 민감하게 변한다. 그러므로 이론 모형에서 물리량을 변화시키면 다양한 형태의 스펙트럼들이 만들어진다. 이렇게 만들어진 스펙트럼 중에서 관측된 파워 스펙트럼과 가장 잘 맞는 것을 찾으면 우주의 물리량을 알아낼 수 있는 것이다.

우선 파워 스펙트럼에서 봉우리는 몇 개나 나타날 수 있을지를 생각해볼 수 있다. 초기 우주에서 플라즈마의 진동은 공기 중에서 음파가 진동하는 것과 비슷한 성질을 가져서 '음향 진동'acoustic oscillation이라고 부른다. 음파의 경우 주파수가 높은 진동은 공기와의 마찰 때문에 빠르게 약해져서 오래 지속되지 못한다. 초기 우주의 음향 진동 역시 마찬가지로 크기가 작은 진동은 빠르게 진동하기 때문에 시간이 지나면서 급격히 약해져서 우주배경복사가 빠져나오는 시기가 될 때까지 지속되지 못할 가능성이 크다. 그래서 과학자들은 우주배경복사의 파워 스펙트럼에서 나타나는 봉우리 가운데서 물리량과 크게 관계 있는 것은 처음 3개의 봉우리일 것이라고 예상했다.

처음 3개 봉우리의 상대적인 높이는 우주에 존재하는 물질의 양에 의해 결정된다. 초기 우주에서 플라즈마가 중력에 의해 뭉치기 시작할 때, 중력에 영향을 주는 것은 보통 물질과 암흑물질이다. 이 중에서 진동에 관여하는 것은 보통 물질뿐이다. 암흑물질은 빛과 상호작용을 하지 않으므로 압력을 받지 않기 때문이다. 즉 암흑물질은 중력으로 수축시키는 역할만 하고, 보통 물질은 수축과 팽창에 모두 기여하는 것이다.

우주배경복사의 파워 스펙트럼에서 첫 번째 봉우리는 처음으로 수축이 된 플라즈마 덩어리 때문에, 두 번째 봉우리는 한 번 수축했다가 팽창한 덩어리 때문에 만들어진다. 다른 요소들에는 변화가 없고 보통 물질이 더 많아지는 경우를 생각해보자. 암흑물질의 중력은 계속 수축시키는 역할을 하고, 보통 물질이 더 많으면 중력이 커지기 때문에 더 많이 수축할 것이다. 그러면 그 부분의 온도가 더 높아지기 때문에 온도 변화에 기여하는 정도가 더 커진다. 즉 첫 번째 봉우리의 높이가 더 높아지는 것이다.

반면에 보통 물질이 많은 상태에서 팽창할 때는 중력이 강하기 때문에 크게 팽창하지 못한다. 그러면 그 부분의 온도는 그렇게 크게 낮아지지 않으므로 온도 변화에 기여하는 정도가 크지 않다. 즉 두 번째 봉우리의 높이는 더 낮아진다. 결국 첫 번째와 두 번째 봉우리의 상대적인 높이 차이는 우주의 보통 물질의 양을 결정하는 중요한 방법으로 사용될 수 있는 것이다. 보통 물질의 양이 많을수록 첫 번째 봉우리와 두 번째 봉우리의 상대적인 높이 차이가 커진다. 이것은 가모프와 알퍼가 처음으로 수행했던, 초기 우주의 핵 합성 과정을 계산하여 우주의 물질 양을 구하는 것과 완전히 독립적으로 우주의 물질 양을 구할 수 있는 방법이 된다. 완전히 독립적인 두 방법으로 구한 값이 서로 잘 일치한다면 빅뱅 이론이 맞다는 좋은 증거가 될 수 있을 것이다.

암흑물질은 보통 물질에 비해 진동에 미치는 영향이 크지 않지만 그래도 파워 스펙트럼에 영향을 미친다. 특히 세 번째 봉우리의 높이는 암흑물질의 양이 중요한 역할을 한다. 세 번째 봉우리는 수축을 한 번 했다가 팽창한 다음 다시 수축한 덩어리에 의해 만들어진 것이다. 암흑물질은 중력만 가지고 있고 빛과는 상호작용하지 않기 때문에 수축에 더 큰 영향을 주고 팽창에는 큰 영향을 주지 않는다. 세부적인 과정은 꽤 복잡하지만 수축을 두 번이나 하기 때문에 암흑물질이 더 많은 영향을 미친다고 쉽게 생각해볼 수 있다. 암흑물질의 양이 많다면 수축에 더 큰 영향을 미칠 것이다. 그래서 세 번째 봉우리의 높이는 암흑물질의 양이 많으면 상대적으로 더 높아진다고 이해할 수 있다.

네 번째 봉우리부터는 수축과 팽창을 두 번 이상 한 덩어리이기 때문에 상쇄가 되어 그 온도 변화의 세기가 급격히 줄어든다. 그래서 네 번째 이후 봉우리의 높이는 지수함수로 줄어드는 결과로 나타난다. 네 번째 봉우리 이후 봉우리의 높이가 줄어드는 비율 역시 우주의 물리량에 의해 결정되고 마찬가지로 계산이 가능하다.

첫 번째 봉우리를 만드는 덩어리보다 더 큰 덩어리는 우주배경복사가 방출되는 순간까지 한 번도 수축을 끝내지 못했다. 그래서 이 부분은 온도 변화에 크게 기여하지 못하기 때문에 파워 스펙트럼의 가장 왼쪽에서 거의 편평한 모양으로 나타난다.(그림 7)

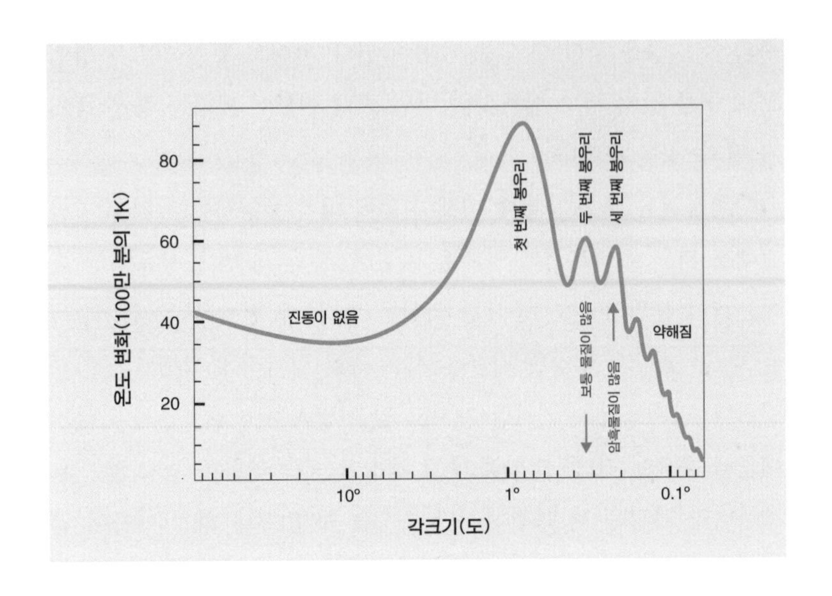

우주배경복사 파워 스펙트럼의 형태.
파워 스펙트럼에서 나타나는 봉우리의 상대적인 높이를 이용하여 우주의 물리량을 구할 수 있다. 보통 물질이 많으면 첫 번째 봉우리와 두 번째 봉우리의 차이가 상대적으로 커져서 두 번째 봉우리의 높이가 낮아지고, 암흑물질이 많으면 세 번째 봉우리의 높이가 상대적으로 높아진다. 네 번째 이후 봉우리의 높이는 지수함수로 줄어든다.(그림 7, R11)

COBE의 해상도는 7도 정도밖에 되지 않았기 때문에 파워 스펙트럼에서 진동이 없는 영역만 보았으므로 첫 번째 봉우리가 존재하는지도 확인할 수 없었다. WMAP은 COBE의 이 한계를 극복하기 위해 발사되었고 성공적으로 목적을 달성했다. WMAP이 관측한 우주배경복사의 파워 스펙트럼에는 첫 번째 봉우리뿐만 아니라 두 번째와 세 번째 봉우리까지 명확하게 나타났다.(그림 8)

앞에서 보았듯이 이렇게 봉우리가 나타났다는 사실 자체가 빅뱅

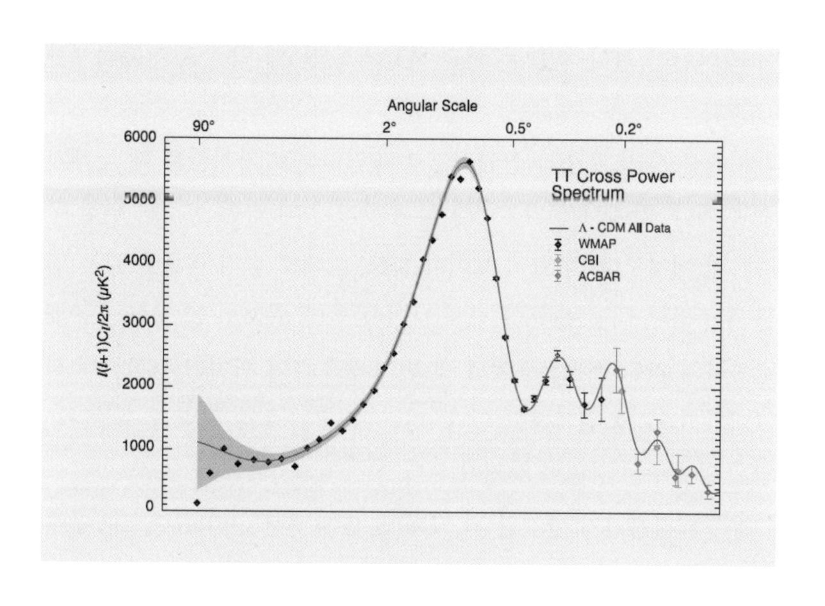

WMAP이 관측한 우주배경복사의 파워 스펙트럼.
붉은 선은 이론적으로 계산한 것 중에서 관측 자료와 가장 잘 맞는다.(그림 8, R16)

직후 인플레이션이 실제로 일어났다는 간접적인 증거가 된다. 과학자들은 무수히 많은 시뮬레이션을 반복한 끝에 관측 자료와 가장 잘 맞는 이론적인 파워 스펙트럼을 찾아냈다. 그렇게 해서 그동안 큰 오차 범위를 가지고 있던 우주의 나이를 비롯한 우주의 물리량들을 알아낸 것이다.

첫 번째 봉우리가 어느 위치에 있는지도 매우 중요하다. 첫 번째 봉우리가 생기는 지점의 크기는 우주배경복사가 나오는 순간에 진동하던 플라즈마 덩어리 가운데서 가장 큰 것이다. 우주배경복사는 빅뱅 38만 년 후에 나왔기 때문에 가장 큰 덩어리의 크기는 38만 광년

이 되어야만 한다. 이것은 지금 하늘에서 볼 때 약 1도, 정확하게는 0.6도다.

이것은 우리 우주가 공간적으로 편평하다고 가정했을 때 구해지는 값이다. 앞에서 살펴본 것처럼 우주가 양의 곡률을 갖는 닫힌 우주라면 이것보다 더 크게 보여야 하고, 반대로 음의 곡률을 갖는 열린 우주라면 이것보다 더 작게 보여야 한다. WMAP이 구한 우주배경복사의 파워 스펙트럼에서 첫 번째 봉우리의 위치는 정확하게 각크기가 0.6도에 위치하고 있다. 이는 우리 우주가 편평한 우주라는 것을 알려주는 강력한 증거가 된다.

우주배경복사가 발견된 지 약 40년 만에 WMAP의 관측으로 우주론은 정밀과학의 시대로 들어갔다. 몇 십 년 전만 하더라도 불가능할 것처럼 보였던 우주의 기본적인 물리량을 놀라울 정도로 정확하게 알아낼 수 있게 된 것은 대단한 성과라고 할 수 있다. WMAP은 우주론의 표준 모형을 뒤집는 엄청난 발견을 하지는 못했지만, 역으로 그만큼 우리가 우주에 대해서 적어도 크게 잘못된 방향으로 이해하고 있지는 않다는 자신감을 주기에는 충분했다. 우주배경복사가 우주의 비밀을 알아내는 금광임이 분명해졌으므로 우주배경복사를 더 정밀하게 관측하여 더 많은 금을 캐내기를 원하는 것은 너무나 자연스러운 결과일 것이다.

WMAP의 우주배경복사 파워 스펙트럼의 첫 번째와 두 번째 봉우리는 이론과 거의 정확하게 일치하지만 세 번째 봉우리부터는 오차가 꽤 커지는 것을 볼 수 있다. 좀 더 각크기가 작은, 높은 해상도의 정확한 관측이 필요하다는 것을 의미한다. 우주배경복사를 더 정밀하게 관측하여 더 많은 정보를 알아내겠다는 시도는 이미 WMAP이 한참 준비되던 시기에 유럽에서 진행되고 있었다.

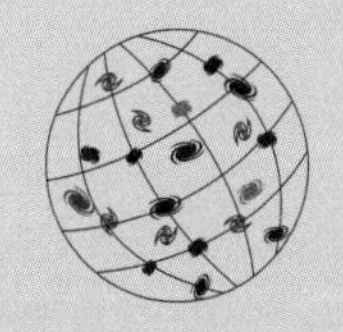

우주배경복사 끝장내기

PLANCK

우주배경복사에서 캐내야 할 정보는 많이 남아 있었다. 플랑크의 목표는 우주배경복사에서 알아낼 수 있는 '모든' 정보를 찾아내는 것이었다. 그들의 표현으로는 '모든 문제를 끝장내는 것'이었다.

우주배경복사에 담긴 '모든' 정보

COBE와 WMAP은 대단한 성과를 거두었지만 아직 우리가 우주배경복사에 숨어 있는 모든 정보를 알아낸 것은 아니다. 우주배경복사에서 캐내야 할 정보는 너무나 많이 남아 있었다. 플랑크 탐사선의 목표는 우주배경복사에서 지금 우리가 알아낼 수 있는 '모든' 정보를 찾아내는 것이었다. 그들의 표현으로는 '모든 문제를 끝장내는 것'kill the problem dead이었다.

WMAP이 만들어낸 우주배경복사의 파워 스펙트럼은 우리 우주가 편평하고, 우리가 볼 수 있는 보통 물질보다 보이지 않는 암흑물질과 암흑에너지가 훨씬 더 많이 있다는 사실을 확인해주었다. 암흑물질과 암흑에너지의 정체를 알아내는 것이 우주를 이해하는 데 너무나 중요한 일임은 당연하다. 그런데 그 정체를 알아내기 위해서는 일단 우주에 얼마만큼의 암흑물질과 암흑에너지가 존재하는지 정확하게 알아내는 것이 우선이다.

앞에서 우주배경복사의 두 번째 봉우리는 보통 물질의 양, 세 번째 봉우리는 암흑물질의 양이 중요한 역할을 한다고 설명했다. 두 물질의 양이 정확하게 결정되면 나머지 암흑에너지의 양도 정확하게 말할 수 있다. 그런데 WMAP의 파워 스펙트럼은 두 번째 봉우리까지의 계산과 관측 결과가 상당히 잘 맞지만 세 번째 봉우리에서는 관측 자료의 오차가 너무 커서 계산 결과와 맞는다고 보기가 어렵다. 세 번째 봉우리뿐만 아니라 역시 많은 정보를 담은 나머지 봉우리들의 위치와 세기를 정확하게 알기 위해서는 WMAP보다 정밀하고 높은 해상도로 우주배경복사를 관측해야만 한다.

WMAP보다 정밀하고 높은 해상도로 우주배경복사를 관측하려는 계획은 유럽우주국European Space Agency, ESA의 주도로 이루어졌다. 제2차 세계대전 이후 많은 과학자들이 유럽을 떠나 미국으로 갔다. 1950년대의 경제 회복으로 유럽에서도 과학에 투자할 여력이 생겼지만 유럽의 과학자들은 한 나라만의 힘으로 미국과 소련이라는 두 거대한 상대를 대적할 수 없음을 잘 알고 있었다. 1958년 소련의 스푸트니크가 인류 최초의 인공위성이 된 직후 유럽의 과학자들은 공동 연구 기관을 만드는 협의를 시작했다.

1960년대에 주로 발사체를 개발하는 ELDOEuropean Launch Development Organization와 연구를 하는 ESROEuropean Space Research Organization가 설립되었고, 1975년 두 기관이 결합하여 ESA가 만들어졌다. 처음에는 10개국벨기에, 덴마크, 프랑스, 독일, 이탈리아, 네덜란드, 스페인, 스웨덴, 스위스, 영국이 참여했고, 지금은 22개국이 참여한다.

ESA는 COBE의 결과가 발표된 직후부터 좀 더 정밀한 우주배경복사 관측 프로젝트를 추진했다. 처음에는 COBRASCosmic Background

Radiation Anisotropy Satellite와 SAMBASatellite for Measurement of Background Radiation Anisotropies, 2개로 진행되던 프로젝트가 1993년부터 하나로 합쳐져 COBRAS/SAMBA로 불리다가, 1996년부터 흑체복사 이론을 만든 독일의 물리학자 막스 플랑크의 이름을 따 플랑크가 되었다. 각각 낮은 주파수대와 높은 주파수대를 관측할 계획이었던 COBRAS와 SAMBA가 하나로 합쳐지면서 플랑크는 낮은 주파수 기기Low Frequency Instrument, LFI와 높은 주파수 기기High Frequency Instrument, HFI, 2개의 기기로 이루어지게 되었다.

LFI는 파장이 긴 낮은 주파수30-70GHz의 3개 대역을 관측하고, HFI는 파장이 짧은 높은 주파수100-860GHz의 6개 대역을 관측하여 총 9개 대역을 관측하게 된다. WMAP이 LFI와 비슷한 낮은 주파수22-90GHz의 5개 대역을 관측한 것에 비해서 플랑크는 특히 HFI가 관측하게 되는 높은 주파수의 대역이 크게 늘어났다. 그리고 LFI의 3개 대역과 HFI의 6개 대역 중 4개 대역, 총 7개 대역에서 편광 관측이 가능하다.

LFI는 전자기파에 의해 전자가 이동하는 것을 측정하여 전자기파의 세기를 측정하는 HEMT라는 전자증폭기를 사용하며 WMAP과 같은 방식이다. 반면 HFI는 입사된 전자기파가 만들어내는 열을 측정하는 방식인 볼로미터를 사용한 것으로, HEMT 방식보다 정밀도가 높지만 어렵고 비용이 많이 든다는 이유로 WMAP에서는 사용되지 않았던 방식이었다.

볼로미터의 제작이 어려운 이유는 냉각 장치 때문이다. 입사된 전자기파가 만들어내는 미세한 열을 직접 측정해야 하기 때문에 기기

 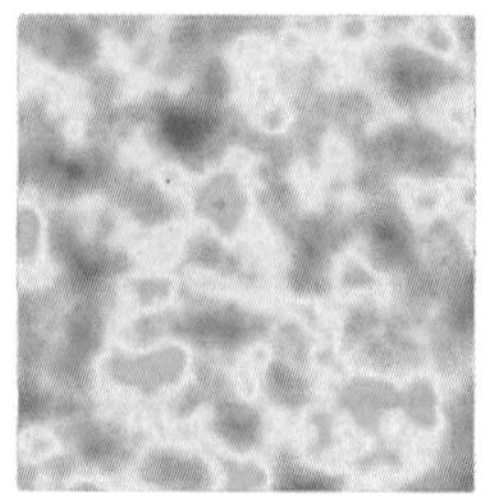 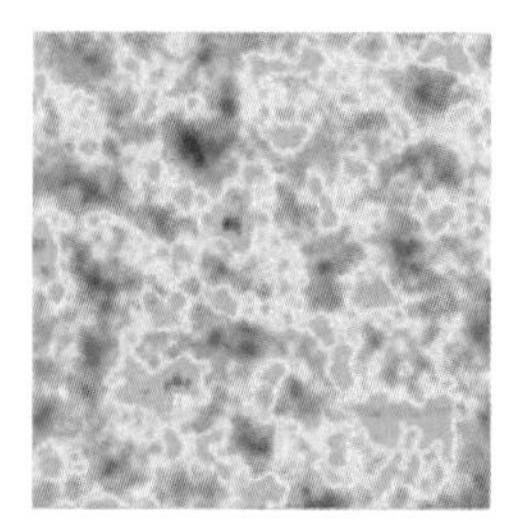

왼쪽부터 COBE, WMAP, 플랑크의 해상도 비교.(그림 1, NASA)

자체의 열이 측정을 방해해서는 안 되기 때문이다. 대신 그 덕분에 더 정밀한 측정이 가능하고, 그래서 플랑크의 정밀도가 WMAP보다 훨씬 좋은 것이다. 플랑크의 HFI는 절대영도보다 0.1도 높은 정도까지 냉각이 가능하도록 제작되었다. 이것은 우주 공간의 온도보다 훨씬 낮다. HFI가 작동하는 2년여의 기간 동안 HFI는 우주에서 가장 차가운 물체가 되었다.

LFI의 해상도는 10분, HFI의 해상도는 5분으로 WMAP의 해상도 13분보다 좋아졌으며, 특히 정밀도는 100만 분의 1도의 변화를 감지할 수 있는 수준이어서 사실상 더 이상의 관측이 필요하지 않을 정도다. 이는 지구에서 달에 있는 토끼의 체온을 감지할 수 있는 수준이다. 실제로 플랑크의 성능은 모든 문제를 끝장낼 수 있는 것이었다.

플랑크는 2009년 5월 14일, 적외선 우주망원경인 허셜Hershel 망원경과 함께 아리안 5Ariane 5 로켓에 실려 발사되었다. 그리고 7월 3일에 지구에서 150만 킬로미터 떨어진 L2 위치에 도착했다. L2 위치는 태양과 지구의 중력이 위성의 원심력과 같아지는 지점인 라그랑주점 중 하나로 위성이 자리 잡기에 가장 좋고 이전에 발사된 WMAP이 위치한 곳이기도 하다.

발사된 직후부터 플랑크는 우주의 차가운 온도 때문에 냉각이 시작되었다. 170K(-103℃)가 되었을 때, 플랑크는 히터를 가동해 일주일 동안 이 온도를 유지했다. 남아 있는 불순물들을 증발시키기 위해서였다. 이후 히터를 끄고 다시 자연 냉각을 시작하여 50K(-223℃)까지 냉각되었다. 이것도 충분히 낮지만 플랑크의 기기들은 더 낮은 온도를 유지해야만 한다. 플랑크는 냉각 시스템을 가동하여 L2 위치에 도달할 때 LFI는 20K(-253℃), HFI는 0.1K(-273.15℃)가 되도록 만들었다. 플랑크와의 통신이나 기기 작동 테스트도 L2로 가는 동안 진행되었다.

플랑크는 시범 관측을 마치고 2009년 8월부터 본격적으로 관측을 시작했다. 2012년 1월 냉각에 필요한 액체헬륨이 소진되어 HFI의 자료를 더 이상 사용할 수 없게 되었고, LFI만 작동하다가 2013년 10월 23일 통신 장치의 스위치를 끄라는 명령이 전달되면서 플랑크의 활동은 종료되었다. 이 기간 동안 HFI는 전 하늘을 5회, LFI는 8.5회 관측했다. 이러한 반복 관측은 플랑크의 오차를 줄이는 데 중요한 역할을 했다. 그리고 서로 다른 LFI와 HFI로 동시에 같은 지역을 관측했으므로 결과를 비교하여 자료의 질을 높일 수 있게 되었다.

결과 수확하기

2010년 7월 ESA는 플랑크가 2009년 8월부터 9개월 동안 관측한 전 하늘 사진을 처음으로 공개했다.(그림 2) 이 사진에는 LFI와 HFI가 관측한 모든 자료가 포함되었다. 중심부를 가로지르는 선은 우리 은하의 원반이고 남북으로 뻗은 구름은 대부분 새로운 별들이 탄생하고 있는 지역에서 나온 빛이다. 우주배경복사의 흔적은 맨 위쪽과 맨 아래쪽에서 살짝 살펴볼 수 있다. 이 자료에서 과학적인 내용을 알아내기 위해서는 우주배경복사를 가로막은 방해물을 모두 제거해야 한다. 이 사진을 발표하면서 ESA의 연구원 데이비드 사우스우드는 이렇게 말했다. "놀랍도록 훌륭한 이 사진 자체는 플랑크를 만들고 작동시킨 엔지니어들의 공이다. 이제는 과학을 수확하기 시작해야 한다."

15개월 반 동안 관측한 플랑크의 자료를 분석한 결과는 2013년 3월 21일에 처음 일반 대중들에게 공개되었고, 최종 우주배경복사 사진은 3월 22일 자 〈뉴욕 타임스〉 1면을 장식했다. 그림 2에서 보듯이

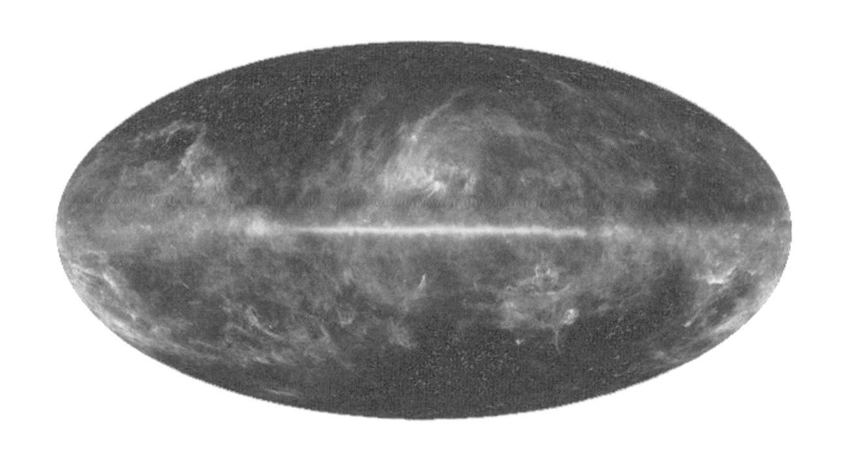

플랑크가 처음으로 발표한 전 하늘 관측 사진.
중심부의 빛은 우리은하의 원반에서 나오는 것이고, 구름은 대부분 새로운 별들이 탄생하고 있는 지역에서 나온 빛이다. 아래와 위쪽에서 우주배경복사의 흔적을 살짝 볼 수 있다.(그림 2, ESA)

플랑크가 관측한 원래 사진은 온갖 종류의 방해물로 뒤덮여 있다. 이를 모두 제거하고 정밀한 우주배경복사 자료를 얻어내는 과정은 당연히 쉽지 않을 것이다. 지금까지 여러 관측 기기를 통해 수집된 자료를 분석한 어떤 과정보다도 더 정교한 방법이 적용되었다. 플랑크 팀은 정확한 결과를 얻기 위해 모든 자료를 반복 관측을 통해 얻었다. 같은 지역을 여러 번 관측하면 기기에서 만들어지는 오차를 크게 줄일 수 있기 때문에 반복 관측은 정확한 결과를 얻는 데 아주 중요한 과정이다.

자료 분석에는 여러 가지 독립적인 방법을 적용시켰다. 이렇게 분석한 자료를 서로 비교하면 어떤 방법이 가장 효율적이며 과정에서 실수는 없었는지 쉽게 알아낼 수 있다. LFI와 HFI의 결과를 비교하는 것도 좋은 방법이다. LFI는 전자의 이동을 측정하는 전자증폭기를 사용하고, HFI는 열을 측정하는 볼로미터를 사용하는 전혀 다른 기기다. 전혀 다른 기기로 같은 하늘을 같은 방식으로 관측했기 때문에 두 결과를 비교하는 것은 이전의 어떤 우주배경복사 관측보다 더 좋은 결과를 얻을 수 있는 아주 좋은 방법이 된다.

다른 분야도 마찬가지겠지만 천문학에서는 자료 분석 과정에서 시뮬레이션이 여러 가지 방법으로 적극 활용된다. 실제 사용하는 방법은 매우 복잡하지만 간단하게 이해하면 하늘에서의 방해물, 기기의 오차 등이 포함된 인공적인 관측 자료를 만든 다음 실제 자료 분석 과정과 똑같은 방법으로 분석하는 것이다. 인공적으로 만든 자료이기 때문에 분석 과정이 정확하다면 어떤 결과가 나와야 하는지 잘 알고 있다. 그러므로 분석한 결과와 원래 자료를 비교하여 자료 분석 과정이 얼마나 정확한지 확인할 수 있는 것이다. 플랑크 팀은 엄청난 양의 가상 자료를 만들어 분석 과정의 정확도를 높였다.

플랑크와 같은 대규모 프로젝트의 결과가 발표될 때는 그냥 한두 편의 논문으로 발표되는 것이 아니다. 과학에서 결과물은 아무리 권위 있는 사람이나 그룹이 제시한다고 해도 그대로 받아들여지지 않는다. 다른 과학자들의 검증이 이루어져야만 하고, 과학에서는 권위라는 것 자체가 충분한 검증을 거쳐야 만들어진다.

플랑크 프로젝트에는 수백 명의 뛰어난 과학자들이 참여했지만 그들의 결과 역시 철저한 검증을 받아야만 한다. 자신들의 결과물이 믿을 만하다는 것을 보여주기 위해서는 그에 대한 근거를 충분하게 설명해야 한다. 그래서 플랑크와 같은 프로젝트의 결과는 결과뿐만 아니라 그에 이르는 모든 과정이 상세하게 제시된다. 최종 결과에 도달하는 과정에서 어떤 실수나 오류도 없었다는 것을 확실하게 검증받아야 하기 때문이다.

플랑크의 첫 번째 결과는 총 31편의 논문으로 발표되었다.(그림 3) 그중 9편은 LFI와 HFI 기기의 특성과 자료 처리 과정에 대한 논문이다. 그리고 세세한 자료 처리 및 결과 분석 과정, 결과들의 목록 등이 하나하나 별도의 논문으로 제출되어 있다. 플랑크의 결과에 조금이라도 의심이 드는 사람은 자료 분석이나 최종 결과물이 만들어지는 과정을 일일이 검토해볼 수 있는 것이다. 이렇게 충분한 근거가 제시되기 때문에 우리는 플랑크 팀이 제출하는 것을 과학적인 결과로 받아들일 수 있다. 31편의 논문 중 첫 번째 논문에는 자료 분석 과정과 그 결과에 대한 전체적인 내용이 정리되어 있고, 이 논문의 저자는 모두 400명이다.(R18)

관측 기기와 자료 획득 과정에 문제가 없다면 얻어낸 자료를 적절하게 처리하고 분석해야 한다. 그림 2는 기기의 특성과 기본적인 자료 처리 과정이 모두 적용된 결과물이라고 할 수 있다. 이제 이 자료를 다시 처리하고 분석하여 최종 결과물을 얻어내야 한다. 이때 가장 중요한 일은 우주배경복사를 가리고 있는 방해물을 제거하는 것이다. 사실 31편의 논문 중 절반 이상이 이 과정에 해당된다고 할 수 있다. 이는 플랑크의 자료 처리 과정 중에서 가장 복잡한 것이라 자세하게 설명하기는 어렵지만 어떤 흐름으로 진행되는지 간략하게 소개해보겠다.

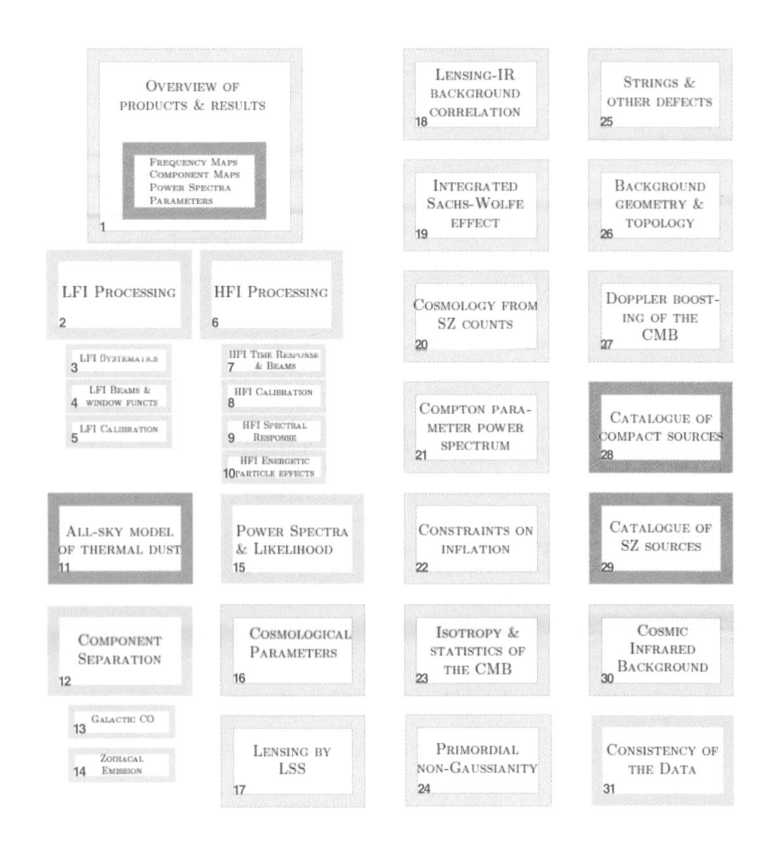

2013년에 처음 발표된 플랑크 결과 논문들의 목록.
총 31편의 논문이 발표되었고 세세한 자료 처리 과정, 결과 분석 과정,
결과들의 목록 등이 개개의 논문으로 발표되었다.(그림 3)

먼저 플랑크 팀은 관측하는 주파수대에 따라 방해물이 어떻게 분포하는지 보기 위해서 각 주파수별로 별도의 지도를 만들었다. 모두 9개 대역에서 관측했으므로 9개의 지도가 만들어졌다.(그림 4)

30~70GHz 3개 대역은 LFI로 관측한 것이고, 100~857GHz 6개 대역은 HFI로 관측한 것이다. 그림에서 보면 파장이 짧은 쪽(주파수가 높은 쪽)으로 갈수록 구름의 영향이 더 커지는 모습을 볼 수 있다. 우주배경복사는 전파에 해당되는 파장대를 관측하는데, 전파는 적외선보다 파장이 긴 영역이다. 그러므로 여기서 파장이 짧다는 것(주파수가 높은 쪽)은 적외선 영역에 가깝다는 것을 의미한다. 성간 구름은 적외선에서 가장 밝은 빛을 내기 때문에 적외선에 가까워지는 파장이 짧은 영역으로 갈수록 구름의 영향이 더 커지게 되는 것이다.

플랑크 자료에서 우선적으로 살펴보아야 할 것은 서로 다른 기기인 LFI와 HFI로 관측한 결과가 얼마나 잘 일치하느냐다. 앞에서 말한 대로 LFI는 전자의 이동을 측정하는 전자증폭기를 사용하고, HFI는 열을 측정하는 볼로미터를 사용하는 전혀 다른 기기다. 서로 다른 방식을 사용하는 기기가 일치된 결과를 보인다면 자료의 신뢰성을 높일 수 있는 중요한 근거가 되는 것이다.

이를 위해서 연구진은 LFI로 관측한 가장 높은 대역인 70GHz의 결과와 HFI로 관측한 가장 낮은 대역인 100GHz 결과를 비교해보았다. 서로 다른 기기로 관측한 것 중에서는 제일 가까운 대역이며 방해물의 영향도 가장 적어서 기기 사이의 차이를 비교하기에 좋기 때문이었다.

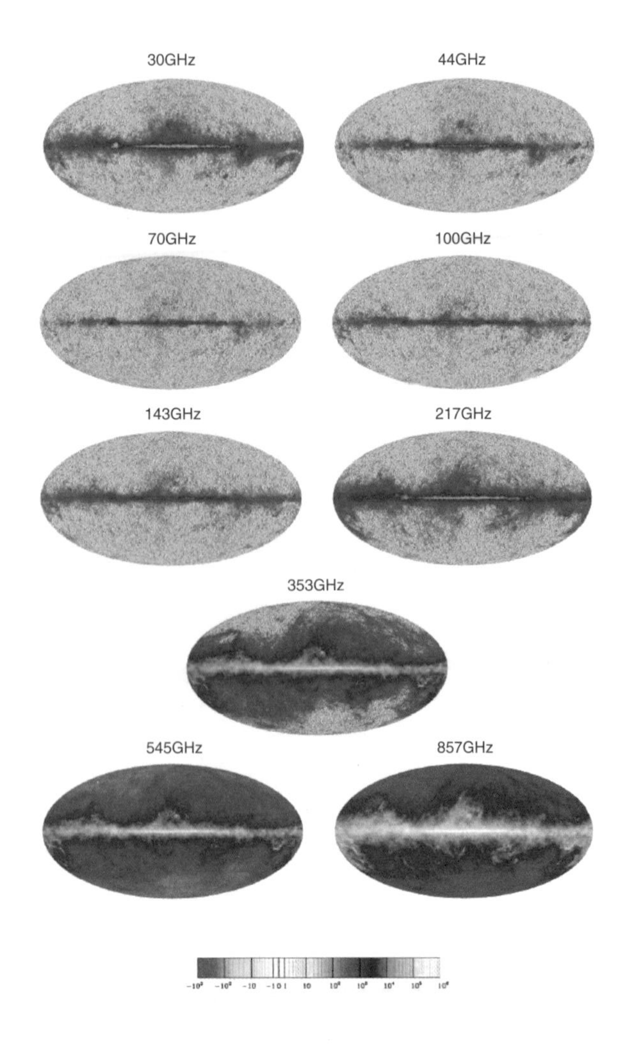

9개의 주파수 대역에서 관측한 9개의 지도.
30~70GHz 3개 대역은 LFI로 관측한 것이고, 100~857GHz 6개 대역은 HFI로 관측한 것이다.
성간 구름은 적외선에서 가장 밝은 빛을 내기 때문에 적외선에 가까워지는 파장이
짧은 영역으로 갈수록 구름의 영향이 더 커지는 모습을 볼 수 있다.(그림 4, R18)

그림 5는 100GHz 지도에서 70GHz 지도를 뺀 그림이다. 전체적으로 녹색이 나타난 이유는 배경 잡음 이외에는 남은 값이 거의 없기 때문이다. 두 자료의 결과가 아주 잘 일치한다는 의미다. 적도 부근에서 큰 값을 보이는 것은 이 영역에 있는 구름 성분 중에서 수도 일산화탄소가 100GHz에서 더 큰 값을 가지기 때문이다. 이 부분을 제외하고는 LFI와 HFI로 관측한 두 자료의 결과가 매우 일치한다는 것을 알 수 있다.

이제 본격적으로 우주배경복사의 방해물들을 제거해야 한다. 가장 먼저 없애야 할 것은 점처럼 보이는 작은 크기의 광원들이다. 우리가 흔히 보는 가시광선 사진에서는 대부분의 경우 별이 점광원으로 보이지만 우주배경복사를 관측하는 초단파 영역에서는 별의 영향이 거의 없다. 별은 초단파 영역에서 아주 약한 빛만 방출하기 때문이다. 여기에서 보이는 점과 같은 광원은 대부분 전파를 강하게 방출하는 외부은하들이다. 이런 광원은 비교적 쉽게 찾아내어 목록으로 만들 수 있다.

초단파 영역에서 또 다른 작은 크기의 광원으로는 은하의 집단인 은하단이 있다. 은하단에는 높은 에너지의 전자들이 많이 포함되어 있는데 우주배경복사가 여기를 통과하면 이 전자들과의 상호작용으로 밝기에 변화가 생긴다. 이 현상을 처음으로 예측한 러시아의 두 과학자 이름을 따 수나예프-젤도비치 효과Sunyaev-Zeldovich effect라고 하는데, 이를 이용하여 은하단을 발견할 수 있다. 이 현상은 낮은 해상도에서는 큰 문제가 되지 않지만 플랑크처럼 높은 해상도의 관측에서는 반드시 고려해야 한다. 우주배경복사에서 정확한 정보를 뽑

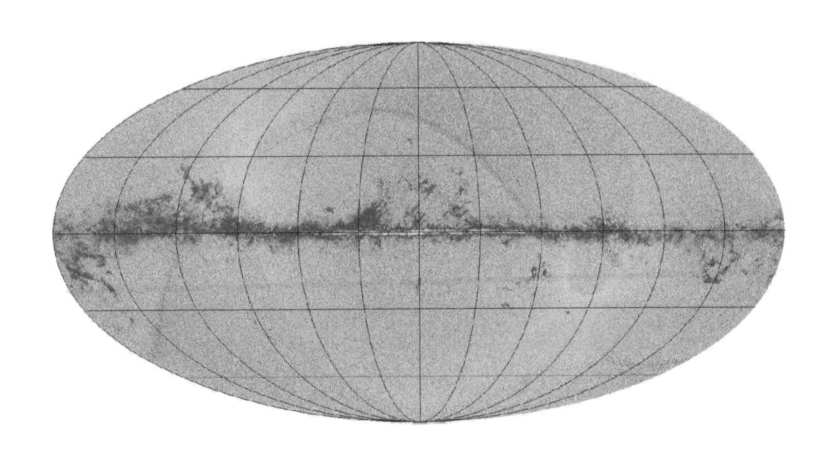

100GHz 지도에서 70GHz 지도를 뺀 그림.
LFI의 가장 높은 대역인 70GHz 결과와 HFI의 가장 낮은 대역인 100GHz 결과가
잘 일치한다는 것을 알 수 있다.(그림 5, R18)

아내기 위해서는 이런 방해되는 빛들을 제거해야만 한다.

이렇게 발견한 은하와 은하단들은 우주배경복사를 연구하는 입장에서는 방해물이지만 우주 전체에서 은하의 분포를 연구하는 분야에서는 매우 중요한 자료가 된다. 그래서 플랑크 위성에서 발견된 은하와 은하단들은 목록으로 만들어져 다른 연구에서 유용하게 사용한다. 플랑크 결과 논문 중 28번과 29번은 이렇게 발견한 은하와 은하단 후보들의 목록을 제공하는 것이다.

그림 6은 플랑크가 발견한 은하와 은하단들을 표시한 것이다. 흐린 검은 점은 점광원 은하들이고 붉은 점은 수나예프-젤도비치 효과로 발견한 은하단 후보들이다. 중심부의 검은 부분은 우리은하 평면

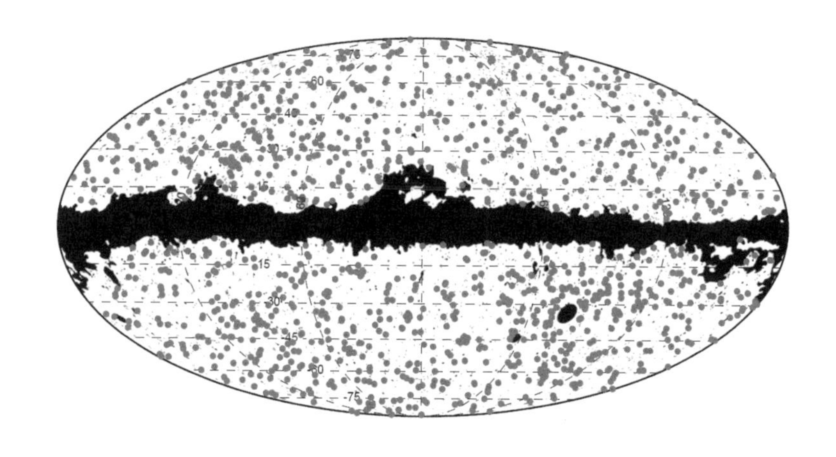

플랑크가 발견한 은하와 은하단들.
흐린 검은 점은 점광원 은하들이고 붉은 점은 수나예프-젤도비치 효과로 발견한 은하단들이다.
중심의 검은 부분은 우리은하 평면, 남반구의 둥근 검은 원은 2개의 마젤란은하다.(그림 6, R18)

이고 남반구의 둥근 검은 원은 2개의 마젤란은하다.

점광원을 없앴다면 이제 분해되지 않는 방해물을 제거해야 한다. 분해되지 않는 방해물이 생기는 원인은 매우 다양하다. 플랑크의 자료를 분석한 논문에서는 이러한 방해물이 생기는 원인으로 모두 일곱 가지를 제시한다. 크게 2종류로 나누면 기본적으로 먼지에서 발생하는 열이나 전자들의 복잡한 움직임 때문이라고 볼 수 있다.

전반적으로 우리은하 평면 근처에서는 우리은하의 성간먼지에 의한 빛이 가장 많고, 은하 평면에서 멀리 떨어진 하늘에서는 외부 은하에 있는 전파나 적외선이 가장 많다. 이 빛들은 광원이 구분되는 경우도 있지만 대부분 광원이 구분되지 않고 하늘에 넓게 퍼진 형태로 관측된다.

우주배경복사와 이런 방해물을 구분할 수 있는 것은 이들의 물리적 성질이 다르기 때문이다. 앞에서 보았듯이 우주배경복사는 거의 완벽한 흑체복사의 스펙트럼을 가지고 있으며 우주에 균일하게 퍼져 있다. 하지만 방해물들은 스펙트럼의 성질이 우주배경복사와는 다르고 우주에 균일하게 퍼져 있지 않기 때문에 구분되는 것이다.

예를 들어 빠르게 움직이는 전자가 우리은하의 자기장을 따라 나선형으로 움직일 때 빛이 발생하는데 이것을 싱크로트론 복사라고 한다. 싱크로트론 복사는 30GHz나 44GHz와 같이 낮은 주파수에서 주로 발생하며 스펙트럼의 세기가 파장의 지수함수로 결정된다. 이런 빛은 우리가 물리적 성질을 잘 이해하고 있기 때문에 관측 자료를 분석해서 영향을 제거할 수 있다.

반면 그림 5에서 제거되지 않고 남아 있는 빛은 일산화탄소의 전자들이 만들어낸 것인데, 이 빛은 100GHz, 217GHz, 353GHz의 높은 주파수에서 많이 나타난다. 일산화탄소에서 전자들의 에너지 변화가 만들어내는 빛 역시 물리적 성질을 잘 알고 있기 때문에 우주배경복사와 구분하여 제거할 수 있다.

그림 4를 보면 우주배경복사의 방해물은 높은 주파수, 즉 파장이 짧은 쪽으로 갈수록 영향이 커짐을 알 수 있다. 이것은 이 파장 영역에서 먼지에 의한 빛이 강하게 발생하기 때문이다. 정확한 우주배경복사 자료를 얻기 위해서는 먼지의 효과를 제거하는 것이 가장 중요하다.

이를 위해 플랑크 팀은 우리은하의 먼지에 의해 발생하는 빛이

플랑크에서 구한 먼지의 지도.
실제로는 여러 종류의 지도가 만들어졌지만 하나만 소개한다.(그림 7, R18)

어떻게 분포하는지 알 수 있는 지도를 만들어야 했다. 이 지도는 플랑크 자료에서 가장 높은 주파수대(파장이 가장 짧은) 3개의 자료와 적외선 관측 위성인 IRAS가 관측한 자료를 이용해 만들어졌다.

우주배경복사 자료에서 이 빛의 영향을 제거하기 위해서는 먼지에 의해 발생하는 빛의 밝기가 얼마나 되는지 알아야 한다. 어떤 지역에서 먼지에 의해 발생하는 빛의 밝기는 그 먼지의 온도와 양에 따라 결정된다.

플랑크는 여러 주파수대에서 관측하기 때문에 먼지에서 나오는 빛의 스펙트럼을 구할 수 있고, 그 스펙트럼을 이용하면 먼지의 온도도 구할 수 있다. 먼지의 양은 흔히 '광학적 깊이'라는 말로 표현된다. 먼지의 양이 많으면 빛이 잘 통과하지 못하기 때문에 이런 경

플랑크가 최종적으로 만들어낸 우주배경복사.(그림 8, R18)

우에는 광학적 깊이가 깊다고 말한다. 플랑크 팀은 플랑크 자료와 슬론 디지털 스카이 서베이SDSS의 자료를 결합해 광학적 깊이를 구했다.

이렇게 구해진 먼지의 온도와 양의 지도는 올바른 우주배경복사 자료를 구하는 것뿐만 아니라 성간먼지를 연구할 때도 좋은 자료가 된다. 그림 7은 이렇게 구한 먼지의 지도다. 이 효과를 제거하면 우주배경복사의 모습이 잘 드러날 거라는 짐작을 충분히 할 수 있을 것이다.

앞의 그림 5에서 일산화탄소의 전자들이 만드는 빛의 예를 보았듯이 전자들의 움직임 때문에 만들어지는 빛도 대부분 우리은하 평면의 먼지들이 많이 모여 있는 곳에서 발생한다. 플랑크 팀은 여러 가지 방법으로 우주배경복사를 가리는 방해물들을 모두 제거하고 역사상 가장 정밀한 우주배경복사 사진을 만들어냈다.(그림 8) 이 사진은 2013년 3월 22일 자 〈뉴욕 타임스〉 1면을 장식했다.

플랑크의 결과

플랑크는 모두 네 가지의 독립적인 방법을 사용하여 최종 우주배경복사 자료를 만들어냈다. 이후 자료 분석에는 그중 한 가지 방법을 사용한 결과를 주로 이용하지만 나머지 자료들도 큰 차이는 없다. 독립적인 방법을 사용한 결과가 서로 일치하는 것도 자료 분석이 잘 이루어졌다는 좋은 근거가 된다.

과학 연구에서 중요한 것은 재연 가능성이다. 똑같은 자료로 똑같은 과정으로 실험하면 누가 하든지 항상 같은 결과가 나와야 과학적으로 믿을 만한 것이 된다. 천문학에서는 보통 모든 자료를 완전하게 공개함으로써 그 과정을 실현한다.

대부분의 경우 자료 분석 결과뿐만 아니라 분석 과정과 원래 자료까지 모두 공개하여 누구라도 과정을 검증해볼 수 있도록 하기 때문에 그 결과에 대해서는 사실상 거의 의심의 여지가 없다고 보아도 된다. 플랑크 팀 역시 원래 자료와 자료 분석 과정뿐만 아니라 네 가지 방법으로 얻은 결과를 모두 공개했다.

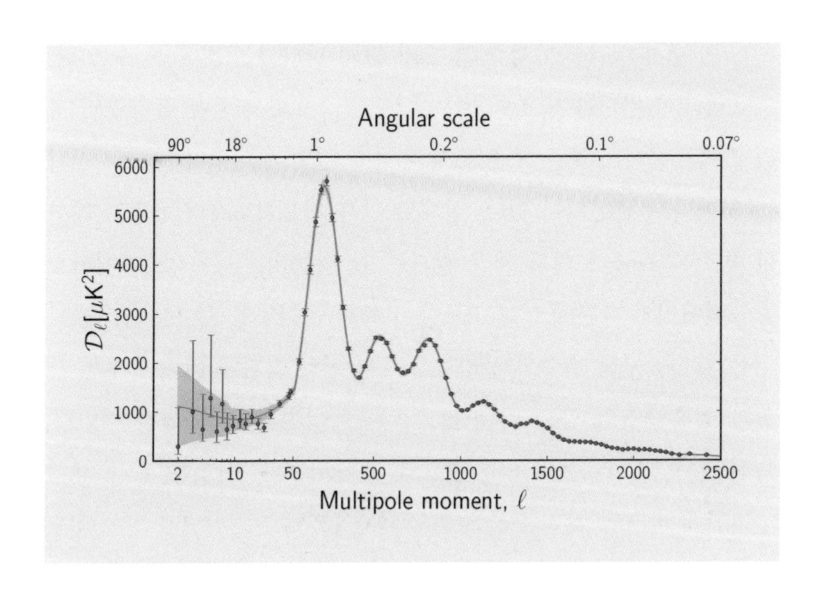

플랑크 자료로 구한 우주배경복사의 파워 스펙트럼.(그림 9, R18)

플랑크가 만들어낸 우주배경복사 자료는 앞에서 이야기한 것처럼 더 이상 정밀한 관측이 필요 없다고 할 만한 수준이다. 전체적인 패턴은 당연히 이전 WMAP의 결과와 일치하지만 해상도가 월등히 좋아졌다. WMAP보다 작은 각크기에서의 파워 스펙트럼을 훨씬 정확히 구할 수 있게 된 것이다.

그림 9는 플랑크 자료로 구한 우주배경복사의 파워 스펙트럼이다. 파워 스펙트럼을 구한 방법은 기본적으로 WMAP의 경우와 같다. 하지만 세 번째 봉우리부터 큰 오차를 보이는 WMAP의 파워 스펙트럼과는 달리 해상도가 월등히 뛰어난 플랑크의 파워 스펙트럼

은 일곱 번째 봉우리까지 거의 오차 없이 나타나는 것을 볼 수 있다.

플랑크의 결과를 발표한 논문에 가장 중요한 결론은 플랑크의 파워 스펙트럼이 우주론 표준 모형의 예측 결과와 너무나 잘 일치한다는 것이라고 표현되어 있다. 실제로 관측 자료와 6개의 변수로 계산한 우주론 표준 모형의 계산 결과는 잘 맞는다. 작은 각크기에서도 맞아떨어지기 때문에 WMAP보다 정확한 물리량을 알아낼 수 있다.

플랑크가 구한 우주의 물리량은 WMAP의 결과에 비해서 보통 물질과 암흑물질의 양은 약간 많고 암흑에너지의 양은 약간 적었다. 특히 우주의 나이는 138억 년으로 계산되었다. 이것은 같은 해인 2013년에 발표된 WMAP의 최종 결과인 137억 7천만 년과 일치했다. 그래서 한때 137억 년으로 알려졌던 우주의 나이는 138억 년으로 수정되었다.

2009년 8월부터 2013년 10월까지 작동한 플랑크의 자료를 종합한 최종 결과는 2015년 2월에 발표되었다.(R19) 플랑크의 최종 결과를 한마디로 요약하면 기존의 우주론 모형이 옳음을 한 번 더 재확인했다는 것이다.

우주배경복사의 비등방성을 분석하는 우주론의 표준 모형은 공간적으로 편평하고, 차가운 암흑물질과 우주상수의 영향 아래 팽창하는 우주를 일반상대성이론으로 계산한 것이다. 플랑크의 최종 결과는 이 우주론의 표준 모형과 놀라울 정도로 일치하고, 여러 물리량의 오차를 크게 줄였다.

플랑크가 최종적으로 결정한 우주의 나이는 138억 년이고, 암흑에너지의 비율은 WMAP의 71.4퍼센트보다 약간 줄어든 69.2퍼센트다. 암흑에너지의 비율이 줄었다는 것은 우주가 가속 팽창하는 속도가 더 작다는 것을 의미하므로 현재 우주의 팽창 속도를 알려주는 허블 상수도 WMAP의 71km/s/Mpc보다 조금 줄어든 67.8km/s/Mpc로 결정되었다. 암흑에너지의 비율이 줄어듦에 따라 암흑물질의 비율은 24퍼센트에서 25.9퍼센트로, 보통 물질의 비율은 4.6퍼센트에서 4.9퍼센트로 약간 늘어났다. 이 값들은 현재까지 우주배경복사로 관측한 우주의 물리량으로는 가장 정확하다고 여겨진다.

플랑크가 WMAP보다 더 좋은 자료를 얻은 것은 당연한 말이지만, 그중에서 가장 중요한 일은 우주배경복사의 편광을 훨씬 더 정밀하게 관측했다는 것이다.

우주가 태어난 직후부터 38만 년이 지나기까지 우주는 수소 원자핵인 양성자와 헬륨 원자핵, 전자, 뉴트리노 등의 입자들로 가득 차 있어서 빛이 빠져나오지 못했다. 그러다가 38만 년 뒤 원자핵과 전자가 결합해 중성원자를 만들었을 때 빠져나온 빛이 우주배경복사다. 그러고는 한참 동안 빛은 거의 아무런 방해를 받지 않고 자유롭게 우주를 가로질러 날아갔다.

이 빛이 다시 방해받기 시작한 것은 원자에서 전자가 다시 떨어져 나가면서부터다. 이를 '재이온화' 시기라고 한다. 이렇게 재이온화가 된 이유는 원자들이 뭉쳐 별이 만들어졌고 이 별에서 나온 강한 자외선이 전자를 떼어냈기 때문이다. 그러므로 재이온화가 일어난 때는 우주 최초의 별들이 만들어진 시기와 관련이 있다.

재이온화된 전자에 부딪힌 우주배경복사는 한쪽 방향으로만 진동하는 편광이 된다. 결국 우주배경복사의 편광을 관측하면 우주 최초의 별들이 언제 만들어졌는지 알아낼 수 있는 것이다. 그런데 편광은 우주배경복사 중에서 극히 일부만 일어나기 때문에 아주 약해 관측이 쉽지 않다. 그리고 특히 우리은하의 먼지 때문에 생기는 편광이 우주배경복사의 편광보다 훨씬 더 강하다. 그래서 우주배경복사의 편광을 정확하게 관측하기 위해서는 우리은하의 먼지에 의한 편광 효과를 분석하여 제거해야만 한다.

우리은하에 있는 많은 양의 기체와 먼지는 온도가 낮기 때문에 주로 적외선과 전파를 방출한다. 우주배경복사의 정밀한 관측을 위해서는 앞서 설명한 것처럼 이 빛들을 제거해야 했다. 그런데 먼지들은 대칭형으로 생기지 않은 것이 많은데, 먼지에서 나오는 빛은 길이가 긴 방향으로 편광이 되는 경향이 있다. 그러므로 우주배경복사의 편광을 관측하기 위해서는 먼지에 의한 편광 효과도 없애야 한다.

먼지들의 긴 방향이 무작위로 분포하고 있다면 편광 효과는 서로 상쇄되어 나타나지 않을 것이다. 그런데 만일 먼지에 자기장이 걸려 있다면 먼지의 긴 방향은 자기장과 나란한 방향으로 배열되어 편광 효과가 관측된다. 결국 먼지의 편광 효과는 우리은하 자기장의 방향을 알려주는 자료가 된다.(그림 10)

성간먼지에 의한 편광은 우주배경복사의 편광을 관측하는 데 가장 큰 방해물이고, 이 현상을 제거하지 않고는 우주배경복사의 편광을 관측할 수 있는 방법이 없다. 플랑크는 HFI로 4개 대역에서 편광 관측을 해 현재로서는 가장 정밀한 우주배경복사 편광 관측 자료를 제공해주었다.

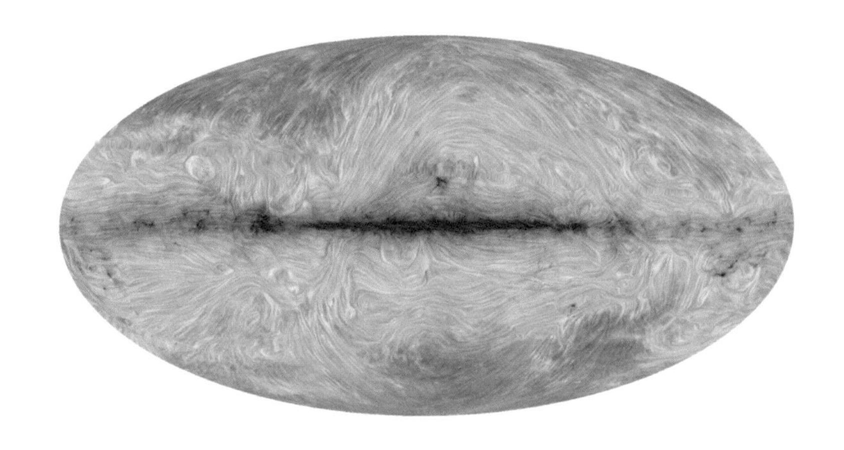

플랑크가 관측한 성간먼지에서 방출된 편광.
우리은하의 자기장 분포를 알 수 있다.(그림 10, R19)

우주배경복사의 편광은 최초의 별과 은하가 만들어진 재이온화 시기와 관련이 있는데, 이 부분은 현재 천문학에서 중요한 관심거리다. 2003년 WMAP이 처음으로 편광 관측을 통해 측정한 시기는 빅뱅 약 2억 년 뒤였다. 그런데 별이나 은하가 그렇게 일찍 만들어진 증거가 아무것도 없기 때문에 이 값은 상당히 의심을 받았다.

얼마 후 WMAP은 재이온화 시기를 빅뱅 약 4억 년 뒤로 수정했다. 현재의 관측으로는 최초의 별들이 그 시기에 만들어졌기 때문에 일단 큰 문제는 해결되었다. 그런데 우주배경복사의 편광 관측으로 알 수 있는 재이온화 시기는 최초의 별이 처음 만들어진 때와 반드시 일치하지는 않는다. 우주배경복사에서 관측될 정도로 충분히 편광이 일어나기 위해서는 재이온화로 만들어진 전자가 꽤 많이 있어야 한다. 그러기 위해서는 별이 처음 만들어지기 시작한 뒤 어느 정도 시간이 필요할 것으로 생각된다. 그러므로 WMAP이 수정해서 발표한 빅뱅 약 4억 년 후도 재이온화가 충분히 일어난 시기라고 하기에는 너무 이른 감이 있는 값이었다.

플랑크는 WMAP보다 정밀한 우주배경복사 편광 관측을 통해 재이온화 시기가 훨씬 더 뒤인 빅뱅 약 5억 5천만 년이라고 발표했다. 그런데 2016년 8월, 플랑크 자료를 더욱 정밀하게 분석한 결과 우주에서 재이온화가 충분히 이루어진 시기는 빅뱅 약 7억 년 후라는 사실이 밝혀졌다.(R20)

그러니까 최초의 별이 만들어진 것은 빅뱅 약 4억 년 후지만 충분히 많이 만들어진 것은 빅뱅 약 7억 년 후가 되어서라는 말이다. 이는 초기의 별과 은하들이 만들어진 시기가 이전에 생각했던 것보다 더 최근임을 의미한다. 그렇다면 우리가 망원경을 통해서 초기의 별과 은하를 직접 관측하고 연구할 수 있는 가능성이 더 높아진다.

우주배경복사의 편광 관측 자료 분석은 지금도 계속 이루어지고 있다. 앞으로 더 정밀한 분석을 통해 최초의 별과 은하가 만들어진 과정에 대한 연구가 활발하게 이루어질 것으로 기대된다. 그런데 우주배경복사의 편광 관측 자료는 이보다 훨씬 흥미로운 내용을 가지고 있다.

우주배경복사와 인플레이션

2014년 3월 17일에 미국 하버드-스미스소니언 천체물리 센터Harvard-Smithsonian Centre for Astrophysics는 인플레이션 이론의 관측 증거를 발견했다는 놀라운 사실을 발표했다. 인플레이션 이론은 우주가 태어난 직후 우주 전체가 급격히 팽창했다는 것으로, 기존의 빅뱅 우주론이 해결하지 못한 몇 가지 문제를 해결하여 지금은 우주론 표준 모형의 일부로 인정받는다. 그런데 인플레이션이 일어난 결과로 볼 수 있는 간접 증거는 많이 있지만 인플레이션이 실제로 일어났다는 직접적인 증거는 아직 발견되지 않았다.

천문학자들은 그 증거를 우주배경복사의 편광에서 찾을 수 있을 것으로 기대했다. 인플레이션은 우주 전체의 시공간에 엄청난 충격을 준 것이기 때문에 시공간에 일종의 파동인 중력파를 만들어낸다. 중력파는 물질과 거의 상호작용을 하지 않기 때문에 직접 발견하기는 매우 어렵지만 우주배경복사에 남긴 흔적은 관측이 가능하다.

인플레이션 순간에 발생한 중력파가 왜곡시켜놓은 시공간을 우주배경복사가 통과하기 때문에 그 흔적이 우주배경복사에 남아 있게 되는 것이다. 이론에 따르면 인플레이션이 만들어낸 중력파는 우주배경복사에 원형의 편광 패턴을 만들어낸다.(그림 11)

하버드-스미스소니언 천체물리 센터 연구진들이 발표한 것은 남극에 설치한 바이셉2라는 전파망원경으로 하늘 일부 영역의 우주배경복사를 관측하여 바로 이 원형의 편광 패턴을 발견했다는 것이었다. 이 발표는 순식간에 전 세계 언론에 대서특필되었고 바로 그해 노벨상 후보로까지 거론될 정도로 주목받았다. 인플레이션이 실제로 일어났다는 간접 증거가 아닌 직접적인 증거가 최초로 관측된 것이기 때문이었다. 우리나라에서도 많은 언론이 이 내용을 보도했다.

이 발표는 주목을 받았지만 과학자들 사이에서는 아직 확신하지 못하는 분위기가 있었다. 인플레이션 순간에 발생한 중력파는 우주배경복사에 편광의 흔적을 남기지만 문제는 우주배경복사의 편광이 다른 원인으로도 생길 수 있다는 것이었다. 특히 별과 별 사이에 미세하게 퍼져 있는 우주 먼지들은 중력파와 거의 비슷한 형태의 편광을 만들어낸다.

이 발표 초기부터 먼지에 의한 효과가 확실하게 제거되었는지에 대한 의문이 제기되었다. 그리고 바이셉2의 관측은 단 하나의 주파수로만 이루어졌기 때문에 먼지에 의한 효과를 제거하는 것이 쉽지 않은 상황이었다.

역시 우주배경복사 관측 자료를 분석하던 플랑크 팀은 2014년 9월에 우주 공간의 먼지에 대한 지도를 발표했다. 바이셉2 연구진은 하늘에서 먼지의 효과가 크지 않은 곳을 선택하여 관측했지만, 플랑크

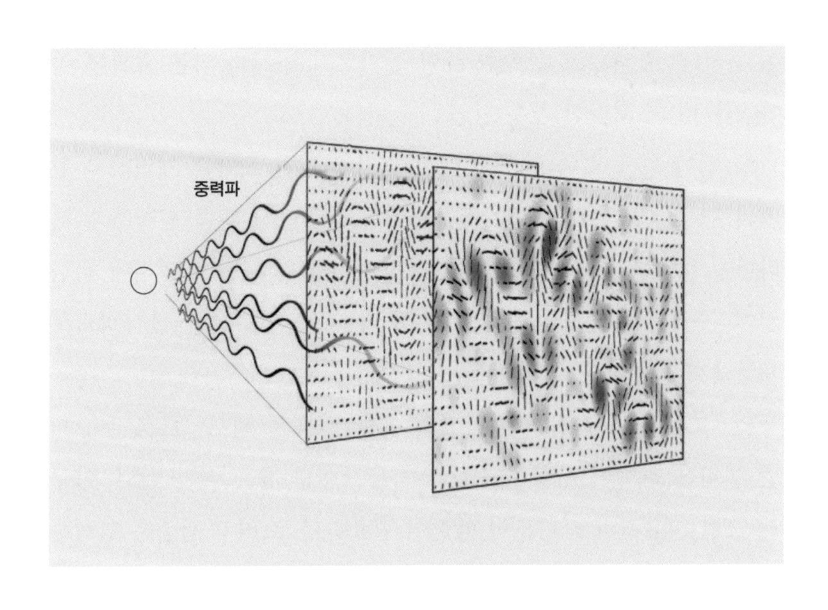

우주배경복사에 나타나는 인플레이션의 증거.
인플레이션 때 발생한 중력파가 우주배경복사에 편광의 흔적을 남긴다.
바이셉2의 연구진이 이 증거를 발견했다고 주장했지만,
검토 결과 우주 먼지에 의한 효과였던 것으로 판명되었다.(그림 11)

의 지도에 따르면 이 영역에서 먼지에 의한 편광 효과가 바이셉2 연구진의 예상보다 훨씬 더 크다는 것이 명확해 보였다. 하지만 바이셉2의 결과가 완전히 틀렸다는 결론을 낼 수는 없는 상황이었다. 그래서 바이셉2와 플랑크 연구진은 공동으로 검증 작업을 벌였다.

두 연구진은 바이셉2가 관측한 영역의 자료를 플랑크가 관측한 자료와 비교했다. 플랑크 자료는 30~353GHz 범위에서 9개의 주파수로 관측한 것이고 바이셉2는 150GHz 하나의 주파수로 관측한 것이다. 여러 주파수로 관측한 플랑크 자료가 먼지에 의한 효과를 알아내는 데 더 적합한 것은 당연한 일이다.

두 팀이 함께 협력 연구를 해서 먼지에 의한 효과를 제거하자 원형의 편광 패턴이 바이셉2 연구진이 주장했던 것만큼 명확하게 나타나지 않았다. 결국 바이셉2 연구진이 발표한 결과는 먼지에 의한 것이라는 사실이 확인되었고(R21), 바이셉2 연구진은 공식적으로 주장을 철회했다.

인플레이션의 직접적인 증거의 최초 관측은 해프닝으로 끝났지만 이것은 과학이 어떻게 진행되는지 보여준 좋은 예가 된다. 아무리 그럴듯한 결과도 반드시 검증이 필요하다. 그리고 검증은 협력하여 진행될 수도 있고, 객관적인 자료로 사실이 드러나면 얼마든지 스스로 오류를 인정할 수 있다. 이것은 서로 합의할 수 있는 과학적인 방법이 있기 때문에 가능한 일이다.

한 가지 오해하지 말아야 할 것은 이 발견의 오류가 빅뱅 우주론을 위협하거나 인플레이션 이론에 문제가 있다는 것을 의미하지는 않는다는 사실이다. 인플레이션 이론은 여전히 빅뱅으로 태어난 우주가 현재의 모습을 가지게 된 이유를 설명하는 가장 강력한 이론으로 인정받는다. 많은 과학자들은 이번 발견은 잘못되었다고 판명이 났지만 좀 더 정밀한 관측을 통해서 분명한 증거가 발견될 것이라고 믿고 있다.

인플레이션에 의한 중력파가 우주배경복사에 어느 정도 규모의 흔적을 남길지에 대해서는 이론적으로 예측된 값이 있다. 정밀한 관측을 통해서 예측된 값이 측정된다면 인플레이션 이론의 강력한 증거가 될 것이다. 그런데 만일 어느 수준 이상의 정밀한 관측을 통해서도 인플레이션의 증거가 발견되지 않는다면 더 흥미로운 결과가 될 수도 있다. 우주의 현재 모습을 올바르게 설명한다고 알고 있었던 인플레이션 이론이 잘못되었다는 말이 되기 때문이다. 만일 그렇다면 우리는 우주를 설명하는 새로운 이론을 찾아내야만 한다. 그 답은 몇 년 안에 알게 될 것이다.

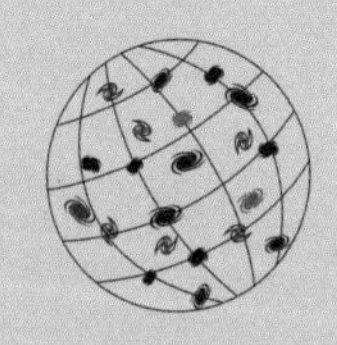

연구는 아직 끝나지 않았다

과학은 정답을 찾는 것이 아니라 정답을 찾아나가는 과정이다. 지금 우리 앞에 나타난 의문을 해결하면 더 많은 의문이 나타난다는 사실을 잘 알고 있다. 하지만 그것은 탐구 정신을 북돋는 원동력이 될 것이다.

우주론의 역사와 표준 우주 모형

1929년 에드윈 허블이 우주가 팽창하고 있다는 사실을 발견하면서 현대 우주론이 시작되었다. 물론 그 전에 아인슈타인이 자신의 일반상대성이론을 우주 전체에 적용시켰고, 프리드먼이나 르메트르도 일반상대성이론을 바탕으로 우주가 수축하거나 팽창한다는 주장을 했지만, 우주가 실제로 팽창하고 있다는 증거가 발견된 것을 현대 우주론의 시작으로 보는 데는 큰 이견이 없을 것이다.

허블은 멀리 있는 은하가 더 빠른 속도로 멀어진다는 사실을 발견했다. 이것은 우주가 팽창하고 있을 때 관측되는 현상이다. 팽창하는 우주의 시계를 거꾸로 돌리면 우주는 점점 작아지고, 더 과거로 돌리면 한 점에 모이게 된다. 르메트르가 팽창하는 우주를 거꾸로 되돌리면 우주가 무한히 작은 한 점에서 탄생했을 것이라고 생각하고 이를 '원시 원자'라고 부른 때는 허블이 우주 팽창을 발견하기도 전인 1927년이었다.

그러나 르메트르의 이론은 10년 넘게 주목받지 못했고, 우주 초기의 한 점에 대한 이론이 다시 등장한 것은 1940년대였다. 러시아 출신의 과학자 조지 가모프와 그의 제자 랄프 알퍼는 우주를 이루는 원소들이 만들어진 매우 뜨거운 곳으로 한 점에서 막 태어난 초기 우주를 생각했다. 이 뜨거운 점에서 우주를 이루는 원소들이 만들어진 과정을 설명한 알파-베타-감마 논문은 처음으로 빅뱅 우주론을 과학적으로 제안한 것으로 인정받는다.

우주가 뜨거운 한 점에서 태어났다는 빅뱅 우주론은 당시에는 많은 비판을 받았고, 특히 이에 가장 크게 반대한 프레드 호일은 우주가 언제나 같은 상태로 존재한다는 정상 상태 우주론을 주장했다.

다행히도 빅뱅 우주론과 정상 상태 우주론 사이의 논쟁을 끝낼 방법이 있었다. 빅뱅 우주론을 처음 주장했던 알퍼는 로버트 허먼과 함께 초기 우주의 뜨거운 열이 우주의 팽창으로 냉각되긴 했지만 지금까지 남아 있을 것이라고 예측했다.

이들의 예측은 10년 넘게 주목받지 못하다가 1960년대에 프린스턴대학의 로버트 디키를 중심으로 한 과학자들이 독자적으로 다시 예측하게 되었다. 이들은 빅뱅의 흔적으로 남은 빛을 관측하기 위하여 전파망원경을 만들던 중에 바로 이웃에 있는 벨 전화 연구소에서 전파망원경의 잡음을 제거하기 위해 관측하던 두 사람이 이미 이것을 발견했다는 사실을 알게 된다.

약 10년 넘게 이어진 빅뱅 우주론과 정상 상태 우주론은 1965년 아노 펜지어스와 로버트 윌슨이 빅뱅의 흔적으로 남은 빛인 우주배경복사를 발견하면서 빅뱅 우주론의 승리로 끝났다. 우주배경복사를 우연히 처음으로 발견한 펜지어스와 윌슨은 1978년 노벨 물리학상을 수상했다.

빅뱅 우주론만으로는 풀 수 없었던 우주의 미묘한 문제는 1980년 앨런 구스가 인플레이션 이론을 발표하면서 해결되었다. 우주가 태어난 직후 우주 전체가 급격히 팽창했다는 인플레이션 이론으로 우주배경복사가 우주의 모든 방향에서 같은 온도를 가지는 '지평선 문제'와 우주가 곡률이 없이 편평하게 관측되는 '편평성 문제'를 해결했다.

인플레이션 이론은 초기 우주에서 발생한 미세한 양자 요동이 급격한 팽창과 함께 커져서 우주에 존재하는 별과 은하의 씨앗이 될 수 있다는 사실을 보여주기도 했다. 그러자 이번에는 우주배경복사에 남아 있을 미세한 온도 변화의 흔적을 찾는 것이 중요한 과제가 되었다. 우주배경복사의 온도 변화가 처음 예상보다 훨씬 낮은 수준이라는 것이 알려지자 우주의 구조를 형성하는 데는 눈에 보이지 않는 암흑물질이 중요한 역할을 해야 한다는 것도 알게 되었다.

암흑물질의 존재는 1930년대에 프리츠 츠비키가 처음 제안했고, 이후 베라 루빈을 비롯한 여러 천문학자들의 관측과 연구 결과로 1970년대에는 우주에 풍부하게 있다는 사실이 밝혀졌다.

우주배경복사의 미세한 온도 변화는 1992년 COBE 위성에 의해 처음으로 관측되었고, 그 공로로 조지 스무트와 존 매더는 2006년 노벨 물리학상을 수상했다.

1998년에는 우주가 가속 팽창하고 있다는 사실이 발견되어 우주를 구성하는 데는 암흑물질뿐만 아니라 암흑에너지도 중요한 역할을 한다는 것을 알게 되었다. 우주 가속 팽창을 발견한 솔 펄머트,

브라이언 슈미트, 애덤 리스는 2011년 노벨 물리학상을 수상했다.

COBE의 뒤를 이은 WMAP 위성은 우주배경복사를 더 높은 해상도로 관측해 우주의 여러 물리량들을 상당한 정확도로 추정할 수 있게 해주었다. 그리고 그 뒤를 이은 플랑크 위성은 우주배경복사를 더욱 정밀하게 관측해 우주의 물리량들을 더욱 정밀하게 결정할 수 있게 되었다.

1980년대까지만 해도 우주론에서 이야기하는 값들은 자릿수를 맞추는 정도였는데 우주배경복사의 정밀한 관측이 이루어지면서 지금은 정확한 수치를 가지고 말할 수 있는 정밀과학이 되었다. 이것이 1929년 우주가 팽창한다는 사실이 관측되면서 현대 우주론이 시작된 지 100년도 지나지 않은 시간 동안 이루어진 성과임을 생각해보면 정말 대단하다고 할 수 있다.

지금까지 우주론의 발전을 통해서 이제 우리는 우주의 탄생과 진화를 설명하는 표준 우주 모형을 갖게 되었다. 현재의 표준 우주 모형은 빅뱅, 인플레이션, 차가운 암흑물질, 암흑에너지로 완성된다. 여기에는 우주론 발전 역사의 중요한 발견들이 차례로 포함되어 있다. 그리고 이런 현재의 표준 우주 모형을 완성시키는 데 우주배경복사에 대한 연구가 중요한 역할을 했다.

표준 우주 모형이 완성되는 과정은 과학 이론이 발전하는 모습을 잘 보여준다. 일반적으로 과학 이론의 구성은 가설, 예측, 검증으로 이루어진다. 자연에서 일어나는 현상이 관측되면 먼저 그 현상을 설명할 수 있는 이론을 가설로 세운다. 그리고 그 이론을 이용하여 새롭게 발견될 수 있는 현상을 예측한다. 그리고 예측한 현상이 실제로 관측되면 처음 세운 가설이 검증되어 하나의 과학 이론이 된다.

현대 우주론은 우주가 팽창한다는 사실을 관측하면서 시작되었다. 이 관측 사실에서부터 시간을 과거로 돌리면 우주가 한 점에서 시작되었을 것이라는 빅뱅 이론의 가설이 만들어졌다. 빅뱅 이론은 우주가 한 점에서 시작되었다면 초기에 나온 빛이 우주를 가득 메우고 있을 것이라는 예측을 했다. 그리고 실제로 우주배경복사가 발견되면서 예측이 검증되어 빅뱅 이론은 과학적인 이론이 되었다.

한 번의 검증으로 이론이 완성되는 경우는 별로 없다. 좀 더 많은 연구가 진행되면서 우주배경복사가 완벽하게 균일하지 않고 미세한 온도 변화가 있어야 한다는 새로운 예측이 제시되었다. 그리고 우주배경복사의 미세한 온도 변화가 발견되면서 빅뱅 이론은 더 튼튼해졌다.

여기서 끝나지 않았다. 초기 우주의 물리적 과정에 대한 연구는 계속 이어져 우주배경복사를 이용하면 우주의 물리량을 알아낼 수 있다는 사실을 알게 되었다. 이를 위해서 우주배경복사를 더 정밀하게 관측할 필요가 생겼고, WMAP과 플랑크 위성으로 우주의 물리량을 자세히 알아낼 수 있었다.

그런데 과학 이론이 이렇게 가설, 예측, 검증의 순서로 순조롭게 이루어지기만 하는 것은 아니다. 가설에 기반한 예측을 검증하는 과정에서 전혀 예상하지 못했던 새로운 발견이 이루어지기도 한다.

1960년대 베라 루빈은 은하의 회전속도가 은하중심에서 멀어질수록 줄어들 것이라고 예측하고 속도를 측정했다. 그런데 결과는 예상과 달리 회전속도가 줄어들지 않는다는 것이었다. 이 결과는 기존 이론만으로는 설명되지 않았기 때문에 새로운 가설이 필요하게 되었다. 그리하여 은하에는 현재 우리의 관측 장비에는 검출되지 않고 중력으로만 작용하는 암흑물질이 존재한다는 가설이 나오게 되었다. 그리고 이 가설은 이후 여러 관측 자료로 검증되어 현재는 누구나 받아들이는 정설이 되었다.

1990년대에 초신성을 이용하여 우주 팽창 속도의 변화를 관측하던 천문학자들에게도 이와 비슷한 일이 있었다. 이들은 우주 내부에 존재하는 물질의 중력에 의해 팽창 속도가 느려질 것이라고 예측하고 우주의 팽창 속도가 과거에 비해 현재 얼마나 느려졌는지 알아보기 위해 멀리 있는 초신성을 관측했다. 그런데 결과는 역시 예상과 반대로 팽창 속도가 과거에 비해 빨라지고 있다는 것이었다. 이 현상을 설명하기 위해서 우주의 팽창을 가속하는 밀어내는 중력 이론이 필요하게 되었고, 암흑에너지라는 새로운 용어가 등장했다. 암흑에너지의 존재 역시 이후 여러 자료로 검증이 되어 암흑물질과 함께 현재 우주론의 표준 모형을 구성하는 일원이 되었다.

아직도 진실은 저 너머에

빅뱅과 인플레이션, 차가운 암흑물질과 암흑에너지를 포함하는 우주론의 표준 모형은 탄생 직후부터 지금까지 우주가 어떻게 진화해왔는지 놀라울 정도로 성공적으로 설명한다.

138억 년 전 탄생 직후의 우주에서 일어난 원시 핵 합성 과정을 설명하는 이론은 관측 결과와 놀라울 정도로 잘 맞고, 인플레이션 이론과 암흑물질은 균일하고 편평한 우주의 모습과 초기 우주에서 생긴 양자 요동이 별과 은하로 만들어지는 과정을 잘 설명한다. 그리고 이후 우주의 팽창 속도가 변해온 과정은 암흑에너지를 도입하여 설명할 수 있다.

하지만 우리가 현재의 우주론 모형을 우주 탄생의 더 이른 시간으로 확장하려고 하면 문제가 생긴다. 우주 탄생의 순간에 가까이 다가가면 갈수록 우주의 크기는 너무나 작아지고 에너지는 너무나 커지기 때문에 현재 우리가 가지고 있는 물리학 이론들을 적용시킬 수 없다.

과학자들은 우주에 네 가지 기본 힘이 존재한다고 믿는다. 원자핵 내부에서 작용하는 강한 핵력, 원자핵이 붕괴할 때 작용하는 약한 핵력 그리고 우리가 주위에서 흔히 보는 전자기력과 중력이다.

그런데 과학자들은 이 네 가지 힘이 사실은 하나였고, 현재 우주의 에너지가 낮기 때문에 4개의 힘으로 나타날 뿐이라고 믿는다. 우리가 훨씬 더 높은 에너지에서 이 힘들을 관측하면 모든 힘이 하나로 통합된다고 생각하는 것이다.

실제로 약한 핵력과 전자기력은 '전자기 약력 모형'electroweak model이라는 이론으로 통합되어 실험으로 증명되었고, 그 이론을 만든 공로로 셸든 글래쇼, 압두스 살람, 스티븐 와인버그는 1979년 노벨 물리학상을 수상했다.

약한 핵력과 전자기력의 통합은 우주가 태어난 지 10^{-12}초 후의 에너지에서 일어난다. 그러므로 이 시간 이후의 우주에 대해서는 물리학 법칙들이 상당히 잘 설명한다고 볼 수 있다.

전자기 약력과 강한 핵력을 통합하는 이론은 '대통일이론'Grand Unified Theory이라는 이름으로 잘 정리되어 있다. 이 이론에 따르면 전자기 약력과 강한 핵력은 우주 탄생 10^{-39}초 후의 에너지에서 일어난다. 대략 인플레이션이 이 근처의 순간에 일어났을 것이다.

우리는 아직 대통일이론을 실험으로 검증할 기술을 가지고 있지 않다. 그만큼의 강한 에너지를 만들 기술이 없기 때문이다. 하지만 이 이론의 대략적인 윤곽은 실험 결과와 일치하기 때문에 대통일이론이 멀지 않은 미래에 실험으로 증명될 것이라는 데는 과학자들 사이에 큰 이견이 없다.

그런데 현재 우리가 가지고 있는 이론으로 이보다 더 이전의 시간으로 가는 데는 문제가 있다. 빅뱅 이론은 기본적으로 아인슈타인의 일반상대성이론에 기반 한 것이다. 일반상대성이론은 중력이론이므로 빅뱅 이론은 결국 중력이 우주 전체의 진화에 어떤 영향을 주는가를 설명한다. 나머지 3개의 힘은 세부적인 영역으로 들어갔을 때 적용된다. 특히 강한 핵력과 약한 핵력이 작용하는 작은 범위에서 중력은 아무런 역할을 하지 못한다. 이 경우에는 양자역학이 중요하다.

현실에서 대부분 물리학의 문제는 일반상대성이론이나 양자역학 둘 중 하나로 거의 문제없이 설명된다. 큰 규모의 현상은 일반상대성이론으로 작은 규모의 현상은 양자역학으로 설명하는 것이다. 이 두 이론은 서로 전혀 다른 세계에서 살고 있으며 보통의 경우에는 서로의 영역을 전혀 심범하지 않는다. 우주론 과학자들은 대부분의 경우 양자역학을 고려하지 않고 입자물리학자들은 일반상대성이론을 크게 신경 쓰지 않는다.

그런데 일반상대성이론에 기반 한 빅뱅 이론이 우주가 태어나는 순간에 가까이 가면 문제가 달라진다. 우주가 태어난 직후에는 전체 우주가 원자 하나의 크기로 줄어드는데, 이렇게 되면 양자역학이 적용되어야 하기 때문에 문제가 복잡해지는 것이다.

양자역학으로 중력을 제외한 3개의 힘을 다루는 '양자장 이론'quantum field theory은 힘들지만 꽤 성공적으로 임무를 수행하고 있다. 하지만 양자장 이론으로 중력을 다루는 것, 그러니까 나머지 3개의 힘과 중력을 통합하는 것은 현재로서는 가능하지 않다. 결국 현재 우리가 가지고 있는 과학 이론으로는 양자역학과 일반상대성이론을 동시에 적용해야 하는 우주 탄생 직후의 상황을 설명할 수가 없는 것이다. 특히 우주가 탄생되는 순간에는 이론적으로 우주의 에너지, 밀도, 온도가 무한대가 되어버리는 특이점singularity이 만들어지는데 이것은 현대의 과학 이론으로는 도저히 다룰 수가 없는 문제다.

현재 우리가 가진 과학 이론으로 다룰 수 있는 가장 작은 우주의 크기는 10^{-33}센티미터다. 이것은 우주가 태어난 지 10^{-43}초 후의 우주의 크기다. 이 크기를 '플랑크 길이'Planck length, 시간을 '플랑크 시간'Planck time이라고 한다.

이렇게 말도 못할 정도로 짧은 시간에 일어난 일을 굳이 중요하게 다루어야 하는지 의문이 생길 수도 있을 것이다. 하지만 우주 초기의 시간은 우리가 일상에서 느끼는 시간과는 상당히 다르다. 최초의 순간에 가까이 다가가면 갈수록 점점 더 짧은 시간 안에 더 많은 일이 일어난다. 이 짧은 시간 안에 우주론 과학자와 입자물리학자들이 알고 싶어 하는 흥미로운 일이 무수히 많이 일어난다.

이 시간에 일어난 일을 이해하기 위해서는 먼저 중력을 포함한 네 가지 힘을 모두 통합하는 이론이 있어야 한다. 현재 네 가지 힘을 통합하는 가장 강력한 후보는 끈 이론string theory이다.

끈 이론은 모든 물질이 입자물리학에서 말하는 기본 입자들이 아니라 플랑크 길이 정도의 두께를 가지지 않는 1차원의 끈으로 이루어져 있다는 것이다. 이 끈들은 여러 가지 방식으로 진동을 하는데 어떻게 진동하느냐에 따라 쿼크나 전자와 같은 여러 종류의 기본 입자들이 만들어진다고 한다.

끈 이론은 1980년대에 등장하기 시작해 1990년대 중반에는 5개의 끈 이론이 만들어졌다. 그런데 1995년 물리학자 에드워드 위튼은 이 5개의 끈 이론과 이전부터 있었던 초중력 이론supergravity theory이 사실은 하나의 이론으로 설명할 수 있다는 것을 보이고 이를 M 이론이라고 불렀다.

M 이론에서 시공간은 11차원으로, 10개의 공간 차원과 1개의 시간 차원을 가진다. 그런데 우리가 살고 있는 우주는 3개의 공간 차원과 1개의 시간 차원을 가지는 4차원 시공간이다. M 이론이 성립되려면 7개의 공간 차원이 더 필요하다는 말이다. M 이론에서는 7개의 차원이 너무나 작게 말려 있기 때문에 우리가 볼 수 없다고 설명한다.

거미줄을 보면 마치 두께가 없는 1차원의 선처럼 보인다. 하지만 현미경으로 확대해 보면 두께에 해당되는 2차원의 평면이 드러나 거미줄이 실제로는 3차원인 것을 알 수 있다. 마찬가지로 우리가 사는 공간은 3차원처럼 보이지만 크게 확대해 보면 숨어 있는 7개의 차원이 나타날 것이라는 말이다. 그런데 현재 우리의 기술로는 숨어 있는 7개의 차원을 찾을 정도로 공간을 확대해서 볼 수 없다.

M 이론에 따르면 우리 우주의 공간은 원래 10차원이었는데 빅뱅으로 3개의 차원만 팽창을 하고 나머지 차원들은 미세한 규모로 그대로 남아 있다는 것이다. 이렇게 남아 있는 차원의 구조는 끈들의 진동 상태를 결정하고 그 상태에 따라 여러 종류의 기본 입자들이

만들어진다. 7개의 차원은 여러 종류의 모양을 가질 수 있는데 물리학자들의 목표는 우리가 관측하는 입자물리학을 설명할 수 있는 올바른 모양을 찾는 것이다.(R22)

끈 이론 혹은 M 이론이 네 가지 힘을 모두 통합하는 이론으로 검증된다면 이것이 플랑크 시간 이전의 우리 우주에 대해서 어떤 설명을 해줄 수 있을지 아직 분명하지 않다. 하나의 가능성은 우주가 특정한 크기, 아마도 플랑크 크기보다 더 작아질 수 없다는 것이다. 우주는 차원이 없는 한 점이었던 적이 없었으므로 밀도, 온도, 에너지가 무한대가 되는 초기의 특이점도 없었다. 이렇게 되면 특이점을 설명해야 하는 어려움에서 벗어날 수 있게 된다.

또 한 가지의 재미있는 결과는 우주가 플랑크 길이보다 작은 규모에서 하는 수축은 우주가 큰 규모에서 팽창하는 것과 수학적으로는 같다는 점이다. 그렇다면 우리 우주는 새롭게 태어난 것이 아니고 이전의 우주가 수축했다가 다시 팽창하고 있는 우주일지도 모른다.(R11)

끈 이론은 아직 만들어지고 있으며 완성되지도 않았고 과학계에서 보편적으로 받아들여지지 않고 있다. 하지만 현재로서는 끈 이론이 네 가지 힘을 모두 통합하는 이론의 가장 강력한 후보다. 끈 이론의 가장 큰 문제점은 현재의 기술로는 검증할 방법이 없다는 것이다. 그러다 보니 심지어 검증이 불가능한 것을 과학이라고 할 수 있느냐는 말까지 나올 정도다.

입자가속기를 이용하여 끈 이론을 검증하는 것은 불가능하다. 끈 이론을 검증하는 데 필요한 에너지를 만들려면 입자가속기의 크기가 우리 우주만큼이나 커야 한다. 인공적으로 그만한 에너지를 만드는 것은 불가능하지만 다행히도 자연 상태에서 그만한 에너지가 존재했던 적이 있었다. 바로 우주가 태어난 직후의 상태다.

우주를 대규모 실험실로 사용해 이론을 검증하는 것은 지금까지 천문학에서 흔히 있었던 과정이다. 대표적인 예로 에딩턴이 일식 때 별빛이 태양의 중력에 의해 휘어지는 것을 관측해서 아인슈타인의 일반상대성이론을 검증한 것을 들 수 있다. 인공적으로 별빛이 휘어질 정도로 강한 중력을 만들어내기는 불가능하기 때문에 우주에 있는 강한 중력인 태양을 이용하여 검증한 것이다. 중력에 의해 빛이 휘어지는 현상인 중력렌즈 현상은 현재 암흑물질의 분포를 조사하는 데도 사용된다.

2016년에 처음으로 관측된 중력파도 마찬가지다. 인공적으로 우리가 관측할 수 있는 정도의 중력파를 만들어내기는 불가능하기 때문에 우주에서 큰 규모의 사건이 일어날 때 발생하는 중력파를 관측했다. 2016년에 처음 관측된 중력파는 2개의 블랙홀이 서로 충돌할 때 발생한 것이다.

끈 이론을 검증할 수 있는 수준의 에너지를 인공적으로 만들어내는 것은 불가능하기 때문에 우주에서 그 흔적을 찾을 수밖에 없다. 대상은 우주배경복사가 될 가능성이 가장 높을 것이다. 끈 이론이 우주배경복사 혹은 그 이외의 다른 관측 결과로 어느 정도 수준까지 검증될지는 아직 말할 수 없지만 시도해볼 만한 가치는 충분하다. 우리 우주의 탄생 비밀을 밝혀줄 엄청난 결과일 수도 있기 때문이다.

'우주배경복사 끝장내기'라는 목표로 발사되었던 플랑크 탐사선은 적어도 해상도 면에서는 목적을 충분히 달성한 것으로 보인다. 하지만 우주배경복사의 편광 관측은 충분하게 이루어졌다고 보기 어렵다.

인플레이션 이론의 증거를 발견했다고 주장한 바이셉2 팀의 편광 관측 자료가 잘못되었다는 사실은 밝힐 수 있었지만 실제 인플레이션 이론의 증거가 되는 우주배경복사의 편광을 관측하지는 못했다. 다시 우주배경복사 관측을 위한 위성이 발사된다면 아마도 그것은 편광 관측이 주목적이 될 것이다. 우주배경복사의 편광에는 우리가 아직 깨닫지 못한 더 많은 비밀이 숨어 있을지도 모른다.

우주배경복사 관측을 통해 우리는 우리가 살고 있는 우주에 대하여 많은 사실을 알아냈다. 하지만 연구는 아직 끝나지 않았다. 아직 알아내지 못한 많은 비밀이 우주배경복사 속에 숨어 있기 때문이다.

우주는 새로운 사실을 하나 알아낼 때마다 더 많은 새로운 의문을 만들어준다. 아마 우주뿐만 아니라 과학이 탐구하는 모든 분야가 그럴 것이다. 새롭게 생겨나는 많은 의문들은 지금 보기에는 도저히 해결될 듯싶지 않아 보이는 것이 많지만, 과학은 그렇게 보였던 많은 의문들을 해결하면서 지금까지 왔다.

과학은 정답을 찾는 것이 아니라 정답을 찾아나가는 과정이다. 지금 우리 앞에 새롭게 나타난 의문을 해결하면 다시 더 많은 의문이 나타날 것이라는 사실을 우리는 잘 알고 있다. 그것은 우리의 탐구를 멈추게 하는 장애물이 아니라 오히려 탐구 정신을 북돋는 원동력이 될 것이다. 인류가 살아온 길 자체가 언제나 새롭게 등장한 의문을 해결하는 과정이었기 때문이다.

ㄱ

ㄴ

ㄷ

ㄹ

ㅈ

참고 문헌

R01 Edwin Hubble, *Proceedings of the National Academy of Sciences*, Vol. 15, No. 3, 1929, pp. 168~173.

R02 Edwin Hubble, Milton L. Humason, *Astrophysical Journal*, 74, 43H, 1931.

R03 이강환, 『우주의 끝을 찾아서』, 현암사, 2014.

R04 Alpher, R. A., Bethe, H., Gamow, G., "The Origin of Chemical Elements", *Physical Review*, 73, 1948, pp. 803~804.

R05 Alpher, R. A., Herman, R. C., *Nature*, 162, 1948, pp. 774~775.

R06 Hugo van Moerden, Richard G. Strom, "The Beginning of Radio Astronomy in the Netherlands", *J. of Astronomical History and Heritage*, 2006.

R07 John C. Mather, John Boslough, *The Very First Light*, Basic Books, 2008.

R08 Penzias, A. A., Wilson, R. W., "A Measurement of Excess Antenna Temperature at 4080Mc/s", *Astrophysical Journal*, 142, 1965, p.419.

R09 Dicke, R. H., Peebles, P. J. E., Roll, P. G., Wilkinson, D. T., "Cosmic Black-Body Radiation", *Astrophysical Journal*, 142, 1965, p.414.

R10 Norriss S. Hetherington, W. Patrick McCray, *Cosmic Journey-A History of Scientific Cosmology*, Website constructed by the Center of History of Physics.

R11 Amedeo Balbi, *The Music of the Big Bang*, Springer, 2008.

R12 스티븐 와인버그, 김용채 옮김, 『처음 3분간』, 전파과학사, 1981.

R13 스티븐 와인버그, 신상진 옮김, 『최초의 3분』, 양문, 2005.

R14 Mather, J. C., et al., "A Preliminary Measurement of the Cosmic Microwave Background Spectrum by the COBE Satellite", *Astrophysical Journal*, 354, 1990, L37~L40.

R15 Michael D. Lemonick, *Echo of the Big Bang*, Princeton University Press, 2003.

R16 Bennett, C. L., et al., "First-Year Wilkinson Microwave Anisotropy Probe (WMAP) Observations: Preliminary Maps and Basic Results", *Astrophysical Journal Supplement Series*, 148, 2003, pp. 1~27.

R17 Spergel, D. N., et al., "First-Year Wilkinson Microwave Anisotropy Probe (WMAP) Observations: Determination of Cosmological Parameters", *Astrophysical Journal Supplement Series*, 148, 2003, pp. 175~194.

R18 Planck Collaboration, "Planck 2013 Results. I. Overview of Products and Scientific Results", *Astronomy & Astrophysics*, 571, 2014, A1.

R19 Planck Collaboration, "Planck 2015 Results. I. Overview of Products and Scientific Results", *Astronomy & Astrophysics*, 594, 2016, A1.

R20 Planck Collaboration, "Planck Intermediate Results. XLVII. Planck Constraints on Reionization History", *Astronomy & Astrophysics*, 596, 2016, A108.

R21 BICEP2/Keck, Planck Collaborations, "A Joining Analysis of BICEP2/Keck Array and Planck Data", *Physical Review Letters*, 114, 2015, pp. 101~301.

R22 Neil deGrasse Tyson, Michael A. Strauss, Richard Gott, *Welcome to the Universe*, Princeton University Press, 2016.

플랑크가 최종적으로 만들어낸 우주배경복사